走出压抑

为什么我们容易敏感和自卑

［德］阿尔穆特·施曼-里德尔 著
董晓男 译

中国水利水电出版社
·北京·

内 容 提 要

很多女性宁可暗自悲伤也不愿意表现出生气的样子，对她们来说，生气是一种被压抑的陌生情绪，或者全盘否定，或者以自己感到无助与软弱的方式发泄。在这本书中，拥有 38 年咨询实践的资深心理治疗师里德尔用细致的笔触，以愤怒情绪为切入点，从心理学的角度深层剖析，帮助我们接触到自己的需求，更好地了解自己，改变固有的情绪化模式，唤醒遗失的自我，活出有爱、有尊严、有价值的人生。

图书在版编目（CIP）数据

走出压抑：为什么我们容易敏感和自卑 /（德）阿尔穆特·施曼-里德尔著；董晓男译．-- 北京：中国水利水电出版社，2020.12

ISBN 978-7-5170-9239-1

Ⅰ.①走… Ⅱ.①阿…②董… Ⅲ.①压抑（心理学）—通俗读物 Ⅳ.① B842.6-49

中国版本图书馆 CIP 数据核字（2020）第 251146 号

Original title:
Weibliche Wut: Die versteckten Botschaften hinter Ärger und Co. erkennen und nutzen
by Almut Schmale-Riedel
© 2018 by Kösel Verlag, a division of Verlagsgruppe Random House GmbH, München
北京市版权局著作权合同登记号：01-2020-6102

书　　名	走出压抑：为什么我们容易敏感和自卑 ZOUCHU YAYI: WEISHENMO WOMEN RONGYI MINGAN HE ZIBEI
作　　者	[德] 阿尔穆特·施曼-里德尔（Almut Schmale-Riedel） 著 董晓男 译
出版发行	中国水利水电出版社 （北京市海淀区玉渊潭南路1号D座　100038） 网址：www.waterpub.com.cn E-mail：sales@waterpub.com.cn 电话：（010）68367658（营销中心）
经　　售	北京科水图书销售中心（零售） 电话：（010）88383994、63202543、68545874 全国各地新华书店和相关出版物销售网点
排　　版	北京水利万物传媒有限公司
印　　刷	天津旭非印刷有限公司
规　　格	146mm×210mm　32开本　8印张　160千字
版　　次	2020年12月第1版　2020年12月第1次印刷
定　　价	49.00元

凡购买我社图书，如有缺页、倒页、脱页的，本社发行部负责调换
版权所有·侵权必究

前　言

愤怒虽然名声不太好，但还是有价值的。

那女性的愤怒呢？

许多女性害怕愤怒——既怕别人的愤怒，也怕自己的愤怒。她们觉得，感受和经历自己及他人的愤怒是一件极不愉快的事情。她们会对自己的愤怒感到羞愧，甚至会鄙视自己。

有些女性无法接触自己的愤怒，她们感受不到，或者不想感受，也不去感知由于压抑愤怒而对身体造成的影响。还有一些女性，她们经常甚至频繁地感到烦躁和生气，但又不知道如何用适合的方式表达这些情绪。因此，她们情愿强忍着或者试图安抚自己的情绪，结果导致愤怒可能会出现在不适当的场合，而且有时会表现得过于冲动或大声。女性有时还会被贴上易怒、歇斯底里或者"戏精"的标签。

因此，许多女性不喜欢自己的愤怒也就不足为奇了。愤怒似乎经常被认为是"不女人"的表现。

幸运的是，也有一些女性会说："我尊重我的愤怒，我需要它为我而战，为我自己以及对我非常重要的价值观而奋斗。"这些女性还告诉我们，通过愤怒，她们能鼓起勇气去应对生活中出现的重大变化。

愤怒和生气，包括小程度的愤怒，会帮助我们设定界限，保护自己。最重要的是，这些感觉告诉我们，对我们来说，不去看到和尊重那些重要的需求是不对的。

在研究这个主题时，我首先考虑的是从个人轨迹出发。我是一个会发脾气的女人，是一个能够发脾气的女人，还是一个愿意发脾气的女人？在察觉和妥善处理愤怒方面，我存在哪些问题？我像很多其他女性一样排斥愤怒吗？

不，我不再需要寻找我的愤怒，它不再被隐藏在恐惧和压力下。从某种意义上甚至可以说，我现在很喜欢它们。是的，我喜欢它们，尽管在某些具体情况下，我的生气和愤怒会让我感到不适、不满、失望或者受伤。但我很重视我的愤怒，因为**它让我更有生气，并能够给我能量去实现我的自我、价值观和需求。**

我也重视我的经历，比如，人与人，以及人与我们共同的世界之间破坏性地相处时；比如，当我看到，人性是如何被践踏时，心中所燃起的愤怒。

同时，我也很想知道，在我成长的过程中，很少或者完全没有能够妥善处理愤怒的榜样，我是如何获得这种对待愤怒的积极态度的。

在我生命中的前 20 年里，我真的了解生气和愤怒是什么样的情绪吗？我更像是一个可爱而害羞的女孩儿，跟我的哥哥姐姐和养母一起在一个伊甸园般的花园中长大——至少在我的记忆中是这样。但是，我本身一定也是会生气和发怒的，因为我深深记得，我是如何熟练地把我的哥哥姐姐逼到抓狂的。

作为最小的孩子，当我告状时，没有人会批评我，被责骂的只有哥哥姐姐。更糟糕的是，我，就像大家看到的，一个可爱、乖巧的小姑娘，在三年级的时候，曾对我的邻座同学做了非常恐怖的事情。我折磨那个可怜的小男孩儿,伤害他,那时候的我足够强壮(或者说在体内积累了很多怒气),可以轻易把他推倒在地上。如此激烈的战斗,真的只有男孩子们才会那样做。而且我还为自己的胜利感到骄傲,不过只是偷偷地。在这一点上,我还是有别于男孩子的。

我对战斗胜利的喜悦只隐藏在内心,而与此同时,我也为自己的攻击性行为感到羞愧。整件事对我来说显然印象非常深刻,即使过去了近60年,即使我们同班只有两年时间,但现在我仍然记得那个男孩儿的全名。现在我很想告诉他,我对当时向他展现的愤怒感到多么抱歉,那一定是对其他什么事情的愤怒,不应属于他。那时,我根本不知道这种愤怒的真正起因是什么,甚至不知道它是由别的事情引起的,与我的同学无关。

一年级的时候,我被老师安排在两个具有"反社会"的攻击性、爱打架的男孩子中间,当时的说法是,我这样一个可爱的小姑娘会对他们两个产生积极的影响。但老师没有料到我也因此在体内积累了很多怒气,而我自己当时并不知道。

我在哪里?以及如何学习察觉自己的愤怒,并合理地与之相处?谁可以作为我的榜样?

前言

　　我的亲生母亲很早就过世了，所以我从未真正了解过她，她是否有发怒的能力？从她的书信中，我读到了她的失望、悲伤和孤独。如果她对她的丈夫有任何不满，也只是悄悄的、间接的。我的养母是一位单身、年长且非常坚毅的管家教师，她在教育上很严格，但也极大地促进了我们知识文化的增长。她是一个坚强而自制的女性。我没有体验过她生气和发怒，更多体会的是她的道德和严谨。我哥哥在参加学生叛乱时她打他的一个耳光，是我唯一一次记得她发怒的样子。

　　哦，对的，他认为，当时的流行音乐"令人作呕"，那可能是表达隐藏的愤怒和不满的一种方式。

　　而我的父亲呢？他很少出现，他有自己处理愤怒的特殊方式。实际证明，他主动的策略性控制非常有效。但是他个人的生气和愤怒呢？我不曾记得经历过。我只是清楚地记得，他经常蹲在花园的菜地里或者浆果灌木丛下拔杂草。直到很久以后我才意识到，这种行为就是他处理不为人知的愤怒和发泄的方式。

　　在另一个家人身上，我还体会到了另外一种隐藏的表达愤怒的方式：大声歌唱，以此来淹没内心的愤怒，假装平静。那我的祖母呢？她是一个有能力发怒的女性吗？通过照片和故事，我眼前浮现出的是一张严肃和悲伤的面孔。不，比起将愤怒向外引导，这些女性更可能将其向内引导，并继续扮演着宽容、隐忍的女性形象。

我为什么要写这些？

我想邀请你，我亲爱的女性读者和男性读者，追寻你的个人轨迹，**通过你生气和发怒的方式去发现你成长的过程。**你们中的一些人和我的成长轨迹完全不同，比如，在一个会直接表达生气和愤怒的家庭，也许他们的表达会过激到危险的程度。当时你可能便决定，自己不要成为一个吵闹、好斗的成年人。那你与愤怒之间存在的问题很可能与我完全不同。

你也可能是个幸运儿，在你的家庭中可以了解到，生气和愤怒在我们的生活中也占有一定位置，而**愤怒对于解决冲突也很重要。**

我想邀请你探索愤怒的各种形式，认识它们的意义，并把它们用在你自己的人格发展中。这些通常不受欢迎的感觉不仅可以帮助我们更好地了解自己，而且有助于我们更深入地接触我们的本质以及价值观和需求，因为：

每次发火背后都隐藏着一种未被满足的需求！

在认识和理解到这一点之后，我开始欣赏并接受我所有的愤怒情绪。我学会使用它们——为我自己，为与我所关心的人共同的生活，以及我所向往的以我为中心的世界。我想邀请你，加入到与我一起的探索之旅，了解你表现出的以及隐藏的愤怒以及类似的感觉。

然而，这条探索之路的终点并不是愤怒本身。愤怒只是一份特别的指南，可以帮助你追寻自己的真实价值、目标和需求。

愤怒就好比一个指南针，可引导你找到自己的身份和独特的个性。它可以为你自己、你周围的人，以及我们如此不完美的世界打开一扇通往美好生活的大门。不用担心，当我以这种方式主张妥善处理愤怒时，并不是要煽动你发怒。相反，我想鼓励你为我们共同的美好生活而努力。

本书没有提供统计数据以说明有多大比例的女性没有察觉到自己的愤怒，或者间接以不合适的方式表达愤怒；相反，本书从愤怒的角度讲述了女性不同的主观世界。

在典型的愤怒或不愤怒故事的叙述中，女性可以重新找到、发现甚至界定自己。从针对这一主题的众多叙事访谈中，我选择了在我多年职业生涯中反复遇到的典型故事和经历。以该主题为中心的叙述性采访是一种公开对话，采访者会向受访者提出有关某个主题的问题，然后受访者可以自由讲述。我的受访者们向我讲述了她们有关愤怒的经历和想法。在叙述中，她们会加深对这一主题情感态度的理解。对愤怒这一主题的补充问卷评估采用的是常规模板。本书中所有故事所涉及的姓名及其他数据都已经过修改，进行了匿名化处理，但故事的核心内容并未改变。

如果你们中的一些人在书中发现了自己的故事，那说明这是愤怒的典型经历。

还有一个我认为很有趣的问题是，男性是如何看待生气的女人的，或者当女性压抑自己的愤怒并只想变得友善时，他们是如何表现的？这也是我想邀请男性读一读本书的原因。你可以思考一下自己对女性愤怒的感受，以及如何使其成为你个人成长和关系发展的有益助力。

愤怒是有价值的！

目 录

序 1　请停止压抑：愤怒是有价值的 / 1

序 2　活出必要的攻击性 / 13

第一章　我们对情绪的习惯性固化认知 / 001

习惯压抑的女性及其压抑的危害 / 003

该如何让我们的孩子面对情绪 / 010

走出"生活剧本模式"

——我们对情绪的典型童年信条 / 024

第二章　常见的情绪模式：掩饰型&爆发型&长期型 / 033

我不能发火——压抑情绪 / 035

伤心代替发怒，还是发怒代替伤心 / 050

如果我们像收集打折券一样积攒怒气 / 069

愤怒的幻想和怨恨 / 084

生气和内疚感 / 097

胃疼替代发怒：将怒气埋藏在身体中 / 112

太生气了 / 125

发怒是职场女性管理者的禁忌吗 / 131

第三章　我们该如何觉知情绪 / 145

愤怒与父母自我、成人自我、儿童自我 / 152

通过身体了解自己的情绪 / 163

通过感觉了解自己的情绪 / 166

通过思想了解自己的情绪 / 168

探索情绪 / 170

第四章 如何找到处理情绪的方法 / 177

摆脱依赖 / 183

发怒与责任 / 190

发怒赋予行动力量 / 193

愤怒、恐惧和悲伤 / 199

男性该如何面对女性的情绪 / 206

接受自己的情绪,学会爱你的情绪 / 213

致谢 / 215

序 1

请停止压抑：愤怒是有价值的

你是否会一再问自己："我感觉到的是生气、愤怒，还是愤恨？"或者："我只是不太开心，心情不好？"

首先，我想先带你了解各种情绪的定义，以便你知道在本书中如何使用它们。

通常，生气被视为愤怒或愤恨的"简易版"。

很多女性会对自己说："是的，我有时甚至会经常生气，但是是愤怒或愤恨吗？不，我没感觉到。"

当这位女性说自己"生气"的时候，或许她也有一点点愤怒。生气、愤怒和愤恨是相关的几个情绪，它们虽是对外部事件作出的反应，但也可以是对内在经历和思想的反应。

与生气不同，愤怒通常被体会和理解为更庞大的东西。而我认为，两者之间是相通的。

愤怒是一种从内心深处浮现的情绪，有时可以完全取代我们的思想和感觉。不论是生气还是愤怒，都是我们的身体所能够感受到的。

它是一种从我们的腹部升起，我们能够在手上，或者握紧的拳头上感受到的存在。或者我们可以在腿上感受到它，想要跺脚。

我们感受它，直到它上升到我们的面部，使我们的脸脖子变成红色；我们的眼睛射出愤怒的火光，或者眯起。

当我们试图控制这种力量，并让它留在身体内时，我们会咬紧牙关，收紧颌骨。

我们的心跳会加快，会感受到头部的压力。有些人还会在胃部感受到这种压力，胃里有一种翻江倒海的感觉；或者在暴怒时我们会非常冷，就好像血管里的血液都冻结了一样。

生气的感觉也可能是不明确的。一个人生气了，可能没有具体的理由。而当一个人愤怒时，主要原因、触发因素通常都很清楚，愤怒则是人对此做出的反应。

愤恨是一种非常有针对性的愤怒，它和价值观、具有明确的思维相联系。

愤恨通常被认为是正常的、合理的，因为它通常聚焦于某些引发愤恨的特定情况和经历。愤恨有其合理的一面。人们受到严重伤害，或者权利被侵犯时的心情，我们也称为"盛怒"。愤恨的这种形式通常可以被理解，并且很多人认为是合理的。

它通常也是我们自己或身边的人遭遇巨大不公正待遇时的反应。比如，父母在得知他们的孩子受到伤害时，就会表现出这样的愤恨。愤恨主要是对所经历的不尊重、无情、不公正和对尊严的漠视和侮辱时的反应。

我们必须能够区分生气、愤怒和愤恨这些强烈感受的心理状态及情绪。

情绪是情感的基础

如果某人产生了一种恐惧的基本情绪,就会对某些情况产生反应,出现更多恐惧情绪。一个在烦躁情绪中的人,对琐事的反应会比别人快。对某位女性来说,可能一个小小的怒气就已经是一种非常强烈的感觉了;但对另一位女性来说,这种怒气可能完全不重要,且毫无意义。她可能会否认自己生气了,只是感觉有些不好。

这表示:在对自我和他人的感知中,对情绪强度的评估可能大不相同。这种情绪没有客观的衡量标准,因为生气和愤怒的程度一向是主观的体验。

情绪可能由不同的内因和外因所触发

有时感觉情绪来得毫无缘由,但它就是存在。如果我们仔细寻找线索,就能找出是谁或什么激怒了我们。

我们可以了解触发情绪的因素,还可以看到我们内心的想法和判断,这对我们很有助益和启发性。这些都对我们生气的程度有很大影响。

其他人无法惹恼我们，我们的怒气永远都是我们自己对某事所做出的反应。

正确的表达方式不应是"你激怒了我"，而应是"如果你……我很生气！"当然，其他人的行为可能是触发我们生气的因素，但是，是否对此生气，是我们自己决定的，责任也只在自己身上，与他人无关。

但生气通常并不只是我们自己的问题，因为它也与我们同其他人的关系有关，并且对方也要对其行为负责。

如果我们决定，以后不再因为另一个人生气，这种方式并不足以成为解决方案，还需要我们和他之间达成一致。

我们接受自己的愤怒吗？

我们可以清楚表达出这种感情吗？我们是否担心别人如何看待我们的情绪？如果我们表现出愤怒，会产生什么影响？我们是否应该因此而感到羞愧甚至抱歉？

情绪及其表达通常是在某种社会背景下进行的，不可能脱离我们与环境，或者与我们重要的人的接触。一种反复出现或者非常确定的情况，一种说话方式，或他人的特定行为都可能会触发我们的怒气。

我们也可能会对自己的行为或想法感到生气。

通常,当下让我们感到失望或受伤的事情,或者被否定的情绪会引发我们的生气和愤怒。其实,回忆过去的经历也可能重新唤起我们的"旧"愤(请参阅本书第69页"如果我们像收集打折券一样积攒愤怒")。

情绪不仅会控制我们的行为,而且会影响我们的感知。

如果我们心情不好,我们会对外部环境做出生气的反应。同时,我们也会越来越多地感知到外界的消极方面,而不是快乐和愉快的事情。

当我们的感知处于"阴郁"状态时,一个"小不快"很容易会变成"大不悦"。

情绪对外界也有影响

即使我们压抑自己的怒气,不去感受它,其他人往往也能感受到它。

当我们观察他人时,我们大脑中的某些神经细胞会以同样的方式被激活,仿佛我们自己也进行了所看到的行为。这些神经细胞被称为**镜像**神经元,在它们的帮助下,有时我们可以感知到比当下实际意识到的更多。

因此,我们压抑的情绪并没有消失,只是我们自己不再去碰触它们。但是,它们仍然存储在我们体内。所以,压抑的愤怒会让我们的身体感到紧张。

情绪也会伪装

情绪也会伪装,比如,当我们生气或焦虑,却表现出伤心,就是这种情况。

这与我们童年的成长经历有关,与我们如何感知、正确定义和分类不同的情绪有关。例如,如果一个家庭禁止生气,因为他们认为愤怒和生气是"邪恶的",这样孩子们很可能会压抑自己的愤怒,不再表现出来。孩子们这样做是因为害怕如果他们表现出愤怒,父母就不再爱他们了。

通过这样的方式,孩子们通常会学会产生"替代感觉",即他们所感知的感觉与原本的感觉不同。这会使某些情绪完全被隐藏起来。然后他们会说"我从不生气,我不知道什么是生气"或者"我从不害怕"。

情绪也不总是单一的、明确的

有时,它们会同时出现、混合或重叠。

它们也可以相互矛盾,在被接受的同时又被拒绝。

例如,一个女性可能会发火,但又为自己的怒火感到羞愧。她爱她的丈夫,同时又对他很暴躁,感觉心烦意乱,不知道自己应该遵循哪种情绪。愤怒和同情也很容易被混淆,因此,同情有时会覆盖、拒绝以及完全吞噬愤怒。

有些人容易出现述情障碍,这往往意味着他们的感情很少、很弱。

我们发现,还有一些人,他们存在情感僵化的问题。也就是说,一种感觉会持续很长时间没有变化。因此,缺乏调节情绪的能力,他们无法或难以体验到存在细微差别和层次的不同情绪。

就像抑郁的人会感觉感情麻木一样，他们无法感受到生气，甚至强烈的愤怒。如果一个抑郁的人感觉到生气，那一定是因为他自己以及（主观想象的）自己的不足。相反，还有一些人简直要被他们自己的情绪淹没了。

不论是大声向外，还是安静向内，高度敏感的人在情绪上会快速做出反应。当然，也有人几乎是随时都在表现自己的情绪，并且倾向于戏剧化的表达方式。在本书的不同章节，你会遇到非常不同的情感表达方式，这些情感表达方式始终与处理愤怒和生气有关。

在向外界表现愤怒和生气并导致进攻性或充满敌意的行为时，我称之为"攻击性"。

大多数情况下，"攻击性"这个词是一个贬义词。但是，从其起源看，它其实是一个中性词。拉丁语"aggredi"的意思是"攻击"，但也可以只是"接近某人或某物"的意思。

因此，在完形疗法中，攻击性也被视为人们改变环境，以满足其需求所需的积极力量。

请想一下我们常用的短语"开始做某事"。（译者注：德语 Etwas in Angriff Nehmen 中的 Angriff 即攻击的意思。）

当我们开始做某事时，通常并没有敌对动机。

因此，对于攻击一词我们可以区分为：

执行性攻击：指的是用能量和力量去满足一种愿望和需求。

防御性攻击：这是一种旨在保护自己，建立自我边界的防御。在这种攻击形式中，人们普遍认为它可能会造成其他伤害或损害。

攻击性攻击：这是一种以伤害和破坏为目的的主动攻击。这种类型的攻击也并非无缘无故，正如前面所说，这通常是一种延迟攻击，在其他地方无法表达的伤害和失望，现在正在寻求任意一种或类似的情况表达出来，以便自己能喘口气。从外界看来，这种攻击性攻击是突如其来的，因为某人突然发怒，别人无法理解为什么他会在此时此刻生气。

攻击性可以是公开的，也可以是隐藏的。

公开的攻击性可以以肢体暴力的形式，也可以通过伤害性的语言攻击、大声尖叫和咆哮、粗俗的语言以及损坏财物的形式表现出来。

隐藏的攻击性则可以通过抛弃、拒绝接触和失去联系，通过有针对性地漠视、无视等方式表现出来。很多人都亲身经历过不沟通的冷战是多么消磨爱意，令人痛苦。攻击性是在试图保护我们免受痛苦和伤害。

神经生物学家约阿希姆·鲍尔驳斥了攻击本能的理论，攻击似乎是人类的本能，就像一个向外推动的驱动器，想要满足对外界的需求。

阿希姆·鲍尔将攻击性视为生物学上根深蒂固但"应对潜在危险情况的反应性行为程序"，即作为一种回应身体和心理痛苦的方式。当接纳、关心以及归属感这些基本需求受到威胁时，就会引发恐惧，人们就会做出攻击性的反应。

如果攻击性不被允许，因为经验和反应使他们感到害怕，则人们就会退缩，变得沮丧，并且可能会自我破坏。

这主要会出现在外在的力量关系和依赖关系中，因为特别害怕失去归属感和认可。

因此，当达到"痛苦极限"时，愤怒和攻击性会起到保护作用。

攻击性作为一种身体或语言行为，往往伴随着生气、愤怒、愤恨或者仇恨等情绪，尤其是在刺激阈值较低的情况下。

也就是说，当一个人对外部刺激反应非常快速而敏感时，可能会本能地冲动，时常也是不合时宜地表现出攻击性。但是，攻击性也并不总是伴随着上述感受。而我们所说的"冷酷的愤怒"实际上则毫不同情对方，这主要是由于以前的被压抑愤怒是有计划、有预谋且冷酷无情的。

序 2

活出必要的攻击性

感知被触发的刺激,现在,负责处理情绪的边缘系统开始在我们的大脑中采取行动。

但是,在我们做出可以表现我们的怒气和攻击性的外在行为之前,额叶会在几分之一秒内对攻击性冲动进行检查,特别会考虑我们的行为可能产生的后果,并可能会减轻这种冲动。

人类是社会性生物,他们需要归属感和被接纳的感觉。

尤其对我们的祖先来说,亲情、被接纳和归属感对生存至关重要。"受到威胁时,大脑中的警报系统会做出反应,攻击是由此直接产生的结果。"

但是，人们的这种警报系统启动速度不同。

在基本信任程度不高的人群中，触发警报的速度会更快。愤怒以及由此产生的攻击性则有助于避免威胁和失望。因此，就一定会表现出攻击性。

只有在他人能够理解的环境下，并以适当的方式表达愤怒，才能够产生建设性的解决方案。

如果"延迟"愤怒，即不同程度地对不相关的第三者做出反应，是无益的。

没有了相应的时间、情境和人际关系背景，从长远来看，未得到疏通的攻击性会造成破坏性后果，并最终可能导致向外的暴力行为或自我破坏。

约阿希姆·鲍尔表示，日常中的暴力行为"主要与拒绝个人尊敬、侵犯名誉或损害信誉有关"。**攻击性是一种希望得到解读的警告。**

因此，**解决方法不是简单地制止愤怒和攻击性（更不用说这是不可能的），而是去理解它。要找出背后隐藏的是什么问题、什么痛苦。**

攻击性和暴力并不是与生俱来的，而是由不断增强的刺激导致的。

反过来，暴力可能性提升的原因与缺乏亲情联系、社会忽视、有过生理和心理上的暴力经历以及童年创伤有关。由此会导致易怒以及进而引发的攻击性行为。

与男孩儿及男人不同，女性通常较少表现出外向型攻击，而是把愤怒集中在自己身上。她们贬低自己，容易自我伤害和沮丧。

但是，这里必须指出，长久以来，使用家庭暴力的不仅是男性，还有女性，即使她们通常采用的是隐蔽、间接或者纯语言的方式。

女性并不是天生就爱好和平，这个在后面会有详细介绍。

生活中不可避免会出现挫折，为了不更多地以烦躁和愤怒来应对这些情况，非常重要的一点是从小**学会延迟满足**。

首先，儿童必须学会感知和表达自己的需求。

其次，他们要知道，不是所有需求都会随时被满足。因此，他们也必须学会如何应对失望。

最后，还需要思考权衡：什么时候使用怒气来满足自己的需求是合理的？而什么时候最好让自己保持冷静，并做出调整？

这种思考由大脑额叶，也称为"脑前额叶"或者"前额叶皮质"负责。但是，思考权衡的能力并不仅仅由遗传决定，而是会随着我们与社会环境的相互作用不断发展、变化。我们大脑的许多部分都是如此——大脑研究人员称之为"神经可塑性"。在成长过程中，如果儿童身心受到很多暴力伤害，则脑前额叶可能只会在有限的范围内发挥作用。

愤怒也可以通过所谓的"混合感觉"表现出来。

在这个过程中，愤怒与不同的想法和态度混合在一起，因此，有时几乎无法识别，或者以各种方式"伪装"起来。

愤怒被隐藏起来，却同时以某种形式表现出来，例如，全身感觉不适，以及弥漫性的不良情绪。无法直接接受愤怒的人可能更容易遇到这种弥漫性的"不适"。

他们就是不满、闷闷不乐、神经质、恼火、烦躁、抱怨、阴沉、暴躁或者易怒。虽然有些不对劲儿，但是他们又不总能说清楚。如果他努力想要搞明白到底是什么导致了这种说不清的情绪，又很可能会对日常生活、他人，甚至他们自己感到愤怒。

愤怒可以表现为反抗和对抗。因为，我们希望让其他人知道我们不同意、不想参与某件事，甚至想要划清界限。对抗和反抗可以是喧闹的，也可能是安静的。

在对抗的过程中，说"不"比解决冲突或妥协更重要。在成人世界中，对抗总显得有些孩子气。

例如，一个女人不喜欢丈夫周末的休闲活动。他总是喜欢在山里徒步。她认为，在他们的婚姻关系中，已经有太多事情是由他来决定的了。所以，她一直提出反对意见，徒步对她来说是无论如何都无法接受的了。令人惊讶的是，在她丈夫出差的时候，她其实喜欢和她的女性朋友徒步……

在这个例子中，对于这位妻子来说，划定界限比满足自己的需求以及合理地处理这种需求更重要。

对抗不想改变任何事情，其目的在于划定界限和坚持自己的愿望和观点。这在于确定自己的意义，自己的重要性，甚至是权利问题。

如果生气和愤怒升级，无人倾诉，长时间的情绪积压会汇集成"暴怒"或者以攻击或暴躁的形式突然发泄出来。"暴怒"恰如其分地表现了愤怒的程度。

如果一个人的自制力不强，甚至没有自制力，愤怒就会升级为狂怒，尤其是当对方挑衅或者取笑的时候。

愤怒的女性会被骂作是大吵大闹的"泼妇"，没人看到积压下来的情绪总有一天会导致"大发雷霆"。

适当的怒气，成熟的怒气，对真正的委屈、不公正、暴力和屈辱做出的反应也被称为"愤恨"。

愤恨源于大量真实的原因。

这里所涉及的不仅是个人的失望，也与人类普遍存在的问题有关。

有时人们也会感到愤怒、愤慨或轻视。这种想法和感觉的混合是基于每个人对特定情况和经验反应的强烈评估。

如果我们经历过或不得不看着人权被无视，一个人的尊严受到侵犯，我们会感到愤怒和屈辱。我们可能在道德水平上高出他人，鄙视我们不赞成的行为。

在这种情况下，我们会瞧不起别人，会产生刻薄、嘲讽和挖苦之类的感觉。

这背后隐藏着一种不公开的，积累已久的，好像已经干枯的生气和愤怒。

嘲讽和挖苦中固有的生气或者愤恨很容易伪装成"玩笑"。如果其他人表示被冒犯了，就会说："那只是个玩笑。"

潜在愤怒的含义和程度因而被隐藏或削弱。

通过这样的方式，挖苦别人的人不必为直接表达的愤怒负责。

嘲讽可能是一种尖酸的嘲笑，相比之下，讽刺则温和很多。

长久压抑的愤怒会让人刻薄，产生一种错失机会甚至错过生活的感觉。这样的情况下，生气并没有被用来改变令人不满的情况。

不能（不再）被改变的情况无法得到处理、惋惜和释放，仍然会有这种感觉：如果一切都不一样了，我现在会感觉更好。

如果我们放弃希望,听天由命,不接受我们所遭受的失望,就会出现这种态度。

它与痛苦和恐惧混合在一起,并且作为一种基本情绪,可以使我们所有的经历变得阴暗而苦涩,削弱欢乐,甚至使其消失。

如果一个人长时间地积累了强烈的生气和愤怒,就会一遍又一遍地陷入这些情况中,然后往往会产生**仇恨**。仇恨是巨怒,可以针对人、物、整个群体和人民。

仇恨不再是为了改变一种无法忍受的局面,它只想破坏。因此,仇恨具有极大的暴力潜力。屈服于这种能量的力量,并将其转化为行为,是危险的。

我们每天都会听到这样的新闻。然而,在很多情况下,当我们回顾过去的苦痛故事时,仇恨是可以理解的。例如,我们可以理解一位母亲对一个践踏她女儿的老师的仇恨,因为她的痛苦和愤怒已经超出了正常可控的程度。

在这样的情况下,首先要探索仇恨的背景和根源,并接受自己的这种感觉。同时,不能让仇恨控制自己,并寻求非暴力的方式来处理这种仇恨。

仇恨容易变成习惯,根深蒂固。

比起内心的无助和绝望,仇恨会让人感觉更好一些。但是有时候,仇恨会变成自我仇恨。因此,必须从仇恨回到理智的愤恨,看清真正的原因和起因,并承认和尊重自己的伤害。

与其毁灭对方,不如思考改变的必要性和可能性。同时,必须关注自己的伤害和失望。

嫉妒是正常的羡慕的仇恨的变体。

开始的时候,羡慕只是意味着我们也想要拥有别人的美貌或者成功。但是,嫉妒可以使羡慕发展成一种具有破坏性的能量:"我没有或者得不到的东西,别人也别想拥有。"

攻击性的众多表现形式之一就是想要报复。

如果我们由于另一个人遭受了很多痛苦和失望,就会产生让另一个人偿还的需求。报复的思想背后是对正义以及对所遭受的伤害偿还的需求。

另一个人要为自己的行为付出代价，或者也承受同样的痛苦，尝尝是什么滋味。

这个想法可以暂时带来精神上的缓解。但是，报复的想法会产生一种奇异的心态：如果对方因为我们的报复行为而受苦，我们会感觉好一些。

这是一种欺骗性的想法，因为这样最终并无法消除自己的痛苦。

捍卫正义是正确的，但是报复行为却不是。

我们应把自己的报复思想看作一个信号，作为遭受不公正待遇的标志。我们要意识到报复思想的侵蚀性和潜在危险性。如果我们对自己的痛苦负责并安慰自己，或让自己得到安慰，那么报复的想法就会自动消失。报复的渴望主要源于长期积累的愤怒和失望以及持久而强烈的愤怒。

这种感觉有时像是一种享受。但是，所有这些感觉只是暂时的慰藉。想要报复的人会在经历追逐之后沦为受害者。

（除了受害者和迫害者之外，还有拯救者。有关这个角色的更多内容详见本书第84页"愤怒的幻想和怨恨"一节）。

很多人为自己有报复的思想而感到羞耻，认为这是一种不道德和邪恶的想法。

重要的是，我们首先要认识到，这是一种中性的感觉，然后通过与自己和解来解决它们。如果我们禁止它出现，它就会进入我们的潜意识，然后在那里生根发芽。

第一章

我们对情绪的习惯性固化认知

习惯压抑的女性及其压抑的危害

有一句波兰谚语说："愤怒有损美貌。"在我们国家，女性也会说，在她们小时候，经常听到愤怒会让人变丑的说法，如"看看你的脸，看看你生气时候的样子"或者"你马上就会长出愤怒的犄角"（"犄角"指凸出的隆起物）。

好吧，亲爱的女士们，看来我们必须决定：是要愤怒还是要美丽。

当然，每个女人都想要美丽。那她就必须放弃愤怒吗？这两者看起来好像无法兼得。

而这种所谓的无法兼得背后又是什么样的女性形象呢？

首先，这其中包含对愤怒的女性强烈的负面评价。

在对女孩儿的教育中，人们巧妙地使用上述说法，甚至很多时候教育者自己对此都毫无意识。与母亲们的交谈显示，即使是现在，比起女儿的愤怒，她们也更容易接受儿子的愤怒。

很显然，男孩儿应该成长为自信的男人，但是他们也必须学会控制自己的愤怒和攻击性，而不是简单粗暴地用拳头解决。

"当我的女儿发脾气的时候，我很难容忍"，这是我一再听到的说法。比起发脾气的女孩儿，容易被控制的女孩子被视为"健康的孩子"，而发脾气的女孩儿通常被认为是"问题儿童"。

陈旧的社会影响依然清晰可辨。

很多接触愤怒儿童的教育顾问一直强调，愤怒很重要，但是儿童必须学会用语言表达愤怒，而不是拳头。

提供的游戏和练习主要是让男孩儿学会如何用社会性的合

适方法表达他们的愤怒。而女孩儿通常使用其他方法宣泄愤怒，对此却很少有深入研究。

女孩儿通常以间接的方式表达愤怒，拒绝接触，有时只是眼神交流。她们排斥其他小朋友，诋毁他们，对他们说她们所知道的下流话来伤害他们的感情。

生气、愤怒这一类感觉并不分男女。但就如何体会、允许和表达这些感受而言，不同性别之间却存在着差异。

对这些感觉的文化评价以及性别差异对此有很大影响。这通常在早期教育中便初现端倪。大部分男性更喜欢将他们的愤怒转换为攻击性的行为，咆哮、扔东西，甚至动手打人。

他们很难忍受愤怒，并且会想要找出根源，也就是思考到底是什么让他们受伤或者失望。这可能是因为除了愤怒之外，他们还感受到了失望，这会让他们感觉更加"脆弱"。

但是，脆弱并不符合通常的男性形象。

女人和男人一样会感到烦恼或生气，但很少会采用暴力。

记者乔琴·梅兹格在《今日心理学》杂志的一篇文章中强调，女性也可以像男性一样愤怒，她们并不是天生就更善良、更温和。

他想要驳斥大众普遍认为的女性在愤怒方面的形象。

他根据《尼伯龙根之歌》称："这部史诗回答了一个基本问题：生命中最危险的事情是什么？不是喷火龙，不是杀死龙的金发战士，而是女人真的生气了。"

即使——或许也正是因为人们认为这种说法具有讽刺意味，那么这种言论代表男人对女人的什么看法？而且，这种言论有用吗？

对过去的女人来说，公开表达愤怒和生气是一种禁忌。

尽管如此，如果她们还是咆哮、生气和愤怒，就会被贴上"不女人"，甚至是"泼妇"的标签。这充其量可以说，"她们好争辩"。你听说过对男人有这样的评价吗？

避免冲突的女人，不能被视为一种天然的理想状态。

女性并不是由于基因结构就避免冲突。虽然在暴力行为统计中，女性占比明显比男性低：芙劳可·科勒在她的关于攻击性、暴力和女性气质之间联系的精神分析研究中指出，女人和女孩儿并不像通常强调的那样将愤怒转向内心，而是一定也会转向外界。女人自己也并不认为，愤怒和攻击性是男人特有的感情。

好女孩还是坏女孩

1994年首次出版的《好女孩上天堂，"坏"女孩走四方》成为畅销书不是没有原因的。

因为很多女性发现，这本书鼓励她们不必总是可爱的、讨人喜欢的，也可以是敢于为自己争取的。

记者芭莎·米卡在2011年出版的《女性的怯懦》一书中提到，事实上，现在仍然有一部分女性在按照传统的女性角色模型生活，尽管她们想要的并非如此。

她发现女性明显害怕冲突，并通过大量有关女性和男性在职业、家庭、家务、休闲方面的角色行为对此加以论证。

芭莎·米卡在女子训练营中注意到，"获胜的意愿以及发生运动冲突的意愿始终未排进前十位"。虽然对男女平等的要求在社会众多领域中已经达成共识，但始终并没有真正达到完全平等。

因此，最近的 Metoo（美国反性骚扰运动）运动是如此必要，因为在许多地区，女性几乎完全是附属品的角色，在男人面前想要自卫和有界限是不被或不完全被允许的。

虽然妇女运动和女权主义已让女性的处境有了很大改善，但是女性的地位依然无法同男性相提并论，比如遭受性侵犯的女性数量比男性要多得多。用愤怒划清明确界限和抵抗的女性通常仍不被接受，总会有人告诉她们，她们不应该这样，这么凶是不对的。

由于女性自己的行为以及因穿着而导致发生性骚扰或不当评价的指责声从来没有消失过，在职场上，很多女性害怕因为自卫或拒绝而造成不利影响。在很多个人关系中，她们也害怕因为拒绝而被伴侣抛弃，失去爱情。

即使到了今天，在 21 世纪初，尽管女性接受了性启蒙教育并拥有自由，但"典型女性"或"典型男性"的刻板印象仍然存在——或者说不断出现。

无所不在的广告也为此做出了贡献：芭比娃娃、粉红色的小马和娃娃家厨房属于女孩儿，而汽车、怪物和科技积木属于男孩子。

性别营销非常成功，也促进了消费。作家阿尔穆特·施内林和萨沙·费尔兰谈到了"粉蓝陷阱"。男性或女性性别角色的早期印记并不只表现在服饰和玩具上，也会影响行为。

"甜美的女孩儿"或者"强壮的男孩儿"，这些话在孩子们的头脑和感情中产生了什么影响？他们还无法对此做出反应，他们对社会化和社会印记还一无所知，但他们会根深蒂固地记住这些画面。

在小学低年级与女孩子们进行自信训练时，我总会发现，让很多女孩子用腹部发声，大声、有力地喊出声是多么困难的一件事，而这对大多数男孩子来说则容易得多。2017年9月20日，《南德意志报》的一篇报道中以《性别角色的强大力量》为题，对全球跨文化研究结果进行了总结。

在世界各地，男孩儿和女孩儿被按照特定的性别角色穿衣打扮，这种意识在他们具有批判反思能力之前便已内化。在开始上幼儿园时，男孩儿和女孩儿已经基本上熟悉了他们的性别角色。

该如何让我们的孩子面对情绪

孩子如何学会什么是愤怒以及他们应该如何处理愤怒和生气呢？

教育学家、家庭治疗师贾斯帕·尤尔讲述了一个简单的例子，说明了父母应对女孩儿生气的五种模式。当然，这个例子也适用于男孩儿，他们以相同的方式学习理解和处理愤怒的方式，但有时候，父母对男孩儿的反应却与对女孩儿不同。

例子：

请想象一下，一个大约两三岁的小女孩儿因为感到沮丧和愤怒用拳头敲打妈妈，并喊着"笨蛋，笨蛋妈妈"。

反应模式 1：正确的镜像

母亲和善地看着女孩儿说："哎呀哎呀，亲爱的，你生气了！来告诉妈妈，你为什么这么生气？"

母亲的这种反应让孩子感觉她的愤怒被看到并被接纳了。

孩子会感觉母亲很关心她的愤怒，她可以生气。母亲镜像反映出了小女孩儿的感情。此外，重要的是，通过母亲对她情绪的说明，她也知道了自己现在的这种情绪是什么。如果重复对女孩儿做出正确的镜像反应，让她知道自己正在生气和发火，这样，在她以后和亲近的人接触时，就能够感知到这种情绪了。

反应模式 2：用生气回应生气

母亲看上去很生气，一把推开孩子说："不许打我，再不许那样和我说话!"

这里,母亲并不关心孩子如此生气的原因。也许,她知道但并没有表现出来,因此孩子没有感到被理解。然后,孩子也许会更大声地叫嚷,希望借此来获得母亲的理解。也很可能过一会儿她就放弃了。这样,这个女孩儿就学会了适应游戏规则。

通过母亲的反应,可以看出她更关心的是保护自己以及自己的底线不被孩子打破。毕竟,这样一来,孩子就学会了遵守规则。而这种规则是:如果别人不喜欢,就不要生气。

反应模式3:镜像和道德化

这是前两种反应模式的混合反应。母亲将女孩儿抱在怀里,等她平静下来,然后说:"亲爱的,你可以生气,但是我们不能攻击和责骂对方,知道吗?妈妈爱你,但是你打妈妈的时候会伤害到妈妈。我们不想要那样,对吗?"

母亲正确镜像了生气的感觉。但是她将镜像同道德说教联系到了一起。这样做时,她的表达很笼统,并没有和孩子产生直接的个人关系联系。

在接触中,孩子会感到她的愤怒不被理解,她也不会理解自己。好像只有一件事很清楚：生气并不真的可以，它会伤害彼此的感情。爱和愤怒同时存在是不可能的。因此，我们必须选择其一。

反应模式4：制造内疚感

母亲面带悲伤地说："你说妈妈是笨蛋的时候，妈妈太伤心了。我不想当一个笨蛋妈妈，我想做世界上最好的妈妈！"

这里，母亲没有以任何方式对女孩的情绪做出回应，没有对她的愤怒表现出理解。更糟糕的是，她让孩子感到内疚，并在她自己感到悲伤的时候将责任推给孩子。"如果你这样做，就会让我伤心。"孩子当然不想要一个伤心的妈妈，当然，她们也不想成为让妈妈伤心的人。因此，她们可能会放弃自己的感受和道理。

这个小女孩儿的理解能力还无法掌握这种关系，但是在她的感情世界却能够感知到它。她学会了如果她生气，就会让别人不好，而当别人因此而伤心的时候，就是她的错。

反应模式 5：用生气、道德提醒以及中断接触进行反应

母亲摇晃着孩子或者用力抓着她，大声说："不许再这样和我说话！你是一个坏女孩儿，现在回到你的房间里，直到你准备向我道歉为止！快去！"

这个女孩儿强烈地感觉到她的愤怒是不受欢迎的，如果她生气，就是一个坏孩子。她被要求离开，只有道歉，才能恢复与母亲的接触和亲近。为了重新获得母亲的爱，孩子必须承认自己的渺小和错误。

在这样的情况下，小女孩儿会如何处理她的愤怒？她会禁止愤怒出现，将它隐藏起来，还是会继续发脾气？

反应模式 6：错误的镜像

除了尤尔举出的几个例子之外，在错误的镜像中，我发现可能还有另外一种反应模式。在这种情况下，母亲会对孩子说："哦，你为什么这么生气？！我觉得你就是太紧张，太累了。现在你去好好休息一下，明天一切都会好起来的。"

这个例子里也没有正确的镜像，孩子在生气时不会感到被

理解。她也无法将愤怒与她之前所经历的挫折联系起来，而是联系到了疲劳。因此，她很难清楚地将她的愤怒与触发她生气的情境以及她自己的需求联系起来。

● **反思问题**

当我生气时，上述哪种反应模式是我所熟悉的反应？

我的父母如何对我的愤怒做出反应？

现在，我作为成年人会如何反应？我如何处理这些反应？

我想要改变吗？

（这种情况下，如果能与你的伴侣进行讨论，那就再好不过了。）

比起女孩儿，人们更能接受男孩儿的愤怒，因为这被视为他们力量和自信的表现，只是怒气不能太大。但是，如果一个家庭中的男性成员比较具有攻击性和暴力性，那么他们也会听到一些限制性的信息："我不希望你像你爸爸、叔叔或你调皮的兄弟一样。"

实际上，男性在将怒气发泄出来之前，他们在感知和控制愤怒方面存在很大问题。

很多女性从她们的母亲那里得到的方法是避免冲突。

我们经常会听到母亲和祖母说"争吵没有任何益处"或者"我们最好理智地谈谈"。但是，在这种情况下，什么叫作"理智"？

是不是只有两种选择：争吵或者理智？而争吵就是非理智的。只有在有强烈和谐的需求下，才可以理解这个等式。如果和谐是最终目标，那么任何争执都会暂时或永久破坏这种和谐感。它会导致害怕，或至少造成不安，担心争吵后是否能够恢复和睦。

在权衡的外衣下可能隐藏着适应和屈服。坚持自己的勇气、勇于面对冲突的勇气、敢于表达愤怒的勇气不是天生的，而是后天习得的。而勇气并不是受欢迎的女性特质。

在社会中，比起女孩儿，人们往往更多地要求男孩儿具有勇气，女孩儿则更多地被教育为要考虑周全。

当女孩儿们在一起时，她们也会表现出和男孩儿一样的勇气，但在与男孩儿接触时，她们的勇气往往会消退。然后，女孩们又再次学会了典型的女性行为，或者说，她们认为符合女孩儿形象的行为。"伶牙俐齿的人都尖酸刻薄"，但总是乖巧可爱，最后也让自己没有了保护。

在我们当下的多元社会中，看似好像每个人都有充分的自由。如果不是还有一些依稀可见的控制阀值，几乎所有大门都在向女性敞开。在媒体、广告、社会和文化环境中，或多或少还是会传达出对女孩儿和女性行为方式的期待。

再想想我们前面提到的"粉蓝陷阱"。粉色代表"可爱、甜美、温柔、脆弱、单纯"。这符合女性的样子：顺从且善良的女人。愤怒和攻击性？与女性形象格格不入。即使父母开明，不要求他们的女儿表现出女性安静、温和的典型行为举止，甚至自己也不会成为这样的榜样，但小女孩儿还是会与其他女孩儿进行比较。最好的朋友、幼儿园和学校里的其他女孩子都会对她们产生很大影响。女孩儿会希望自己也像其他女孩子一样，成为她们其中的一员。比起强壮或能干，比起竞争和较量，对女孩儿来说，被别人喜欢更为重要。因此，她们做出了很多配合，配合是让别人喜欢自己的途径。因此，她们只是间接地表现竞争和对抗。

再强调一次，总体来说，女性并非比男性更不容易生气和发怒，只是，她们通常会采用其他方式，以另外一种形式表现出来。

比起大闹一场，很多女性学会了另外一种方式：抱怨。

这种"磨磨唧唧"的方式主要用于发泄自己的不满。但是，**这是一种最错误的发泄方式，几乎无法带来任何益处**。因为抱怨的人不会去把事情搞清楚。如果想要搞清楚冲突的原因，争辩是必须的。

现在，我们作为女性是否能感知自己的愤怒，主要取决于我们小时候是如何学习这一点的。孩子可以通过多种方式做到这一点，成年人也一样。

我们从父母或者其他榜样那里学习了表达愤怒的方式。所以，有的人会快速变得很大声，很冲动，而有的人则变得沉默寡言，不说话或退缩。有些人会长时间控制自己，直到怒气"爆发"，因为他们实在无法继续承受体内累积的能量了。

我们简单观察发展心理学就会发现，不同年龄段的孩子是如何感觉和自然地表达愤怒的。出生第一年的婴儿，如果他对食物、温暖、休息、刺激、情感和体贴的需求没有得到充分满足，就会感到不满和不适。这种不满和不安主要通过身体，以生气的形式表现出来：手和腿的肌肉紧张。婴儿会开始手脚乱动，头部发红，并开始哭闹。

两岁的孩子已经可以更直接、更直观地表达自己的愤怒。他不仅会哭喊和蹬腿，还开始跺脚和扔东西。

三岁的孩子，这一点会变得更加清晰。他们是真的开始会发泄愤怒：在对抗的时候，他们会跺脚，扔周围的东西，自己摔到地板上，甚至用头撞击地板或墙来表达他们幼稚的愤怒和抗议。在这个年龄，他们还会明确地通过语言表达愤怒。

"我不"和"我不想"是试图界定自己的范围，感受并确认自我。在三到六岁的阶段，孩子除了使用肢体语言表达之外，还会使用许多脏话，有时甚至是非常激烈的词。他们这样说，只是因为偶尔听到了这样的词，其实并非真正理解这些词的含义。

在这个年龄段，他们更多地是想要证明自己用这样的脏话可以对别人产生影响，而不是脏话的实际意义。但是，从七岁开始，孩子就可以用语言表达他们为什么生气，而不再使用未经思考的、幼稚的、本能的方式来表达愤怒了。当然，他们需要这样的榜样。

父母如何表达他们的愤怒呢？他们可以用简单的语言表达清楚还是随便扔东西并大喊大叫？或者，他们完全不表达愤怒？孩子也会跟着父母学：最好不要表达怒气——或者最好不要感知它的存在。

在成年人中，我们经常发现，他们会以幼稚的方式表达自己的愤怒，就像"儿童自我"（"儿童自我"是我们的一种自我状态，更多内容详见本书第 152 页"愤怒与成人自我、儿童自我、父母自我"），而不是成年人被激活。

我们发现，诸如大声喊叫、大声咒骂、跺脚以及扔东西等行为，也可能只是默默地抱怨，没有任何意义的自责。还有分散注意力的行为，如清洁、整理、吸烟、吃东西、慢跑，以及逆来顺受。还有的人则会退缩、沉默、不说话，或者陷入内在反抗。

如果一位母亲为女孩儿提供了健康地表达愤怒的良好榜样，这个女孩儿就已经有了能够正确处理自己愤怒的重要先决条件。如果女孩儿长大并离开母亲之后也允许对母亲表达愤怒（因为她知道自己充分被接受），那她们之间就同时具有亲情和爱，这是第二个积极因素。

而且，如果女孩儿可以从中学会和父亲也可以表达愤怒，并通过建设性的方式进行冲突，那么这将是第三个有益的条件。

但是，如果她受到的是父亲的愤怒威胁，那么她将不得不保护自己，并认为最好应该放弃表达自己的愤怒。

心理学家薇拉娜·卡斯特详细说明了，与父母双方保持良好的关系以及脱离父母，对女性和男性的健康成长都是必要的。如果与父母一方关系很不融洽，可能会导致拒绝自己的性别角色。

一位女性自豪地讲述了她亲历的一次发怒。

我的母亲其实是一个特别有耐心、谦虚的女人。她与我父亲和三个孩子一起住在他们的父母家。我的母亲通过照顾村子里的老人赚些钱，我的父亲在附近城里的建筑工地做半日工，另外还负责照顾我们家的奶牛和田地。母亲和他在一起很辛苦，因为他总是喝很多酒。所以，他总是很晚才从城里回家，母亲就和他吵得很凶，因为她需要用家里唯一一台车去她工作的地方。她一直试着让自己很快能够平静下来，因为她不想再感到沮丧。我相信，她也会祈祷。她在厨房的长椅上坐一会儿，喝杯咖啡，然后看着墙上的十字架，那是他们的爷爷奶奶留下的传家宝。之后，她通常会平静地起身去上班。

"但是，有一次，她发了很大的火，真的把我吓到了，那时我十一岁。那天下午，警察来按我家门铃告诉母亲，父亲把车撞了，并被送到医院去做预防性检查，除此之外，他看起来没什么大碍，也没有其他人受伤。

"我看到母亲愤怒地发抖。警察离开后，她走进厨房，朝挂着十字架的墙上扔了一个杯子，咬着牙，用愤怒的声音说：'我的上帝，你为什么要给我这样一个丈夫！'我吓得够呛，赶紧躲回自己的房间。

"后来，我越是经常想起当时的场景——我经常这样做——越是钦佩我的母亲。我看到她的愤怒不仅是对父亲的，还有对'上帝的不公'，非常了不起。这件事不断给我勇气，让我知道自己发怒，而上帝一定也会理解我目前的愤怒。"

● **反思问题**

当生气或发怒时，我有哪些典型行为？

我的身体会多大强度地感受到我的怒气？我是否也会通过身体表达愤怒？

我是否会感觉到对抗？

我喜欢用跺脚或者手捶打桌子的方式来表达愤怒吗？

我生气的时候会往墙上扔东西吗？

我骂人的时候是什么样子？我会用粗鲁的语言吗？我是否也经常骂脏话？

我是否会尝试说一些伤害对方的话，由此来真正表达我的愤怒？

我有多么喜欢嘲讽和挖苦别人？或者我更偏向客观、克制？

当愤怒和生气时，我能很好地陈述理由吗？还是说不出话来？

走出"生活剧本模式"
——我们对情绪的典型童年信条

如果我们想要理解愤怒的女性,那么,了解其背后的想法是非常有益的。

很多时候,我们根据经验学到的思维模式发挥着作用——从未进行过实际检验。这在心理学中被称为"信条"。

我所属的心理疗法学校在沟通分析中使用了"生活剧本模

式"一词。

沟通分析是人文心理学领域的一种心理学理论。这一理论是由美国精神病医生埃里克·伯恩在20世纪50年代至70年代创立的。现在，这种理论的发展已经遍布全球，并在很大程度上由伯恩的继任者们进行了进一步发展。

愤怒的典型童年信条有"如果我发火了，别人就不喜欢我了"或者"如果我发火了，我就是个坏孩子"。尤其是后一种想法，不仅让孩子感到很难受，而且孩子会决定以后不再表达他们的愤怒。

他们想要通过这种方式避免自己受到别人的排斥。

类似的信条还有"我不可以生气"，因为"我们必须始终理解别人"以及"和善的人才能走得更远"。在下文中，我们还会对其他典型的信条进行研究。

我们对自己、他人和生活的信条总体上构成了一种解释世界和我们自己的整体信念模式。

我前面提到过，**信条源于童年。**

父母的影响起着重要作用。

孩子依赖于父母或亲人的照顾，所以他们会试图融入家庭中。他们会适应家庭的行事态度和规则，以便被家人喜欢并产生归属感。

孩子不仅会接受家长明确的口头信息，而且还会（有时在很大程度上）接收非语言的间接信息。如果孩子从父母那里听到了"吵架是不好的"以及"如果你打了弟弟，你就是个坏女孩儿"的信息，孩子通常就会采用这些信条。

与我一起工作的许多女性告诉我，她们小时候公开表达愤怒时会听到：

"这不是你该做的事情。"

"控制自己。"

"乖一些。"

"如果你这样发脾气，就是个坏孩子。"

"你该觉得羞愧。"

"你真是个顽皮的孩子。"

"你现在头上长了个愤怒的犄角（凸出的隆起物）。"

"你的错误可真幼稚。"

"你看起来真爱发脾气。"

"回你的房间去冷静一下,等你恢复正常了再出来。"

"有一个爱发脾气的女儿是上帝对她母亲的惩罚。"

"我到底做错了什么,你这么生气?"

"如果你再这样发脾气和哭闹,我又要头疼了。"

"等一下,亲爱的上帝能看到一切,包括你偷偷有的那些邪恶的想法!"

"发脾气没有任何用处!"

"爱和愤怒可不相配哦。"

"愤怒会杀死爱!"

"愤怒是软弱的表现。"

"你不要在意那些。"

这些让我感到吃惊,很多人在童年的时候曾因发脾气而受到惩罚,被侮辱、被殴打,甚至被关禁闭。

很多女性在童年时期也经历过,在她们发脾气时被讥笑,甚至被嘲笑,或者在她们发脾气时被取笑,说她们好可爱。

这样的羞辱往往比惩罚更具伤害性。

表达愤怒会和羞耻以及内疚的感觉相联系。如果孩子发脾气时大声吼叫、指责或者羞辱，他们的内心往往就会退缩，以免以后再遇到这样的经历。

当然，愤怒不会消失。

可爱、友好的女孩儿是更健康的孩子吗？

在日常生活中，对大人来说，这样的孩子当然好带，不论是在家里还是在学校。但是，可爱对女孩儿的成长真的有好处吗？

有多少成年女性，当她们真正地发泄愤怒时，会让她们感觉很好，但同时也因此产生罪恶感呢？有多少女性会因为在生气的时候大声说话，或者把盘子摔在地上而感到羞愧呢？

在对男孩儿的教育中，愤怒却常常受到区别对待。

人们更能容忍男孩儿的愤怒，并将其视为男孩儿以后能够很好地坚持自我和获得认可的标志。

对于男孩儿，愤怒更多地被视为"男性气质"的正常标志。

年轻的妈妈也会说，她们会尝试对儿子和女儿进行同样的教育。通常，男孩儿也不允许无限制地发脾气，他们也经常会感觉到愤怒不受欢迎，并会尝试抑制住愤怒以免惹人讨厌。

但是，当一个小男孩儿发脾气时，我们经常会听到和对女孩儿不一样的评价，如"他会好起来的""嗯，你已经长成一个真正的小男子汉了""他只是死脑筋"或者"他知道自己想要什么"。

成年之后是否能够很好地表达愤怒，很大程度上取决于童年时期孩子的愤怒是否被父母接受，以及父母是否能够教会孩子如何以建设性的方式表达愤怒。

但是，很多人说，他们的父母曾通过不理会来应对他们的愤怒，可能几个小时，有时甚至整天不和他们的孩子说话。

这种方式会让孩子感觉失去了爱，对孩子来说也是最可怕的事情："如果我生气了，我就要被抛弃了。"

大多数情况下，他们会决定以后再也不表现出愤怒了，即使愤怒让他们的内心几乎被撕裂。

在孩子的房间里，可能只有布娃娃能够感受到他们的愤怒。

在这样的时候，有的小女孩儿可能会剪掉布娃娃的头发。他们也可能会将怒气撒到兄弟姐妹或者宠物身上。在这样的情况下，沟通分析师范妮塔·英格利希恰如其分地称其为明智的生存法则。

这里指的生存法则不仅是身体方面，更主要的是精神方面的生存法则。

孩子需要父母的认可。对于他们来说，这关乎一个问题："我有多么被喜爱？"如果父母不喜欢他们发怒，他们甚至会因此受到惩罚，那么，他们就不会再在父母面前表现出愤怒。他们会寻求另外一种撒气的方式。

有的孩子也会选择另外一种生存法则，完全不去感受它，而他们不去感受的不仅是愤怒，还有悲伤、恐惧与无助。

这是一种保护机制，可以使人在成长过程中变得无情，并且会严重限制他们建立情感联系的能力。

如果孩子在父母或兄弟姐妹有疾病或残疾的家中长大，父母往往会要求他们更体贴、更懂事。虽然原则上来说，孩子学会体贴是好事，但是在这种特殊的情况下，孩子通常不得不忽视自己的需求，因此不堪重负。这会导致他们的生命能量、自然扩张的冲动受到抑制。

孩子会发展出这样的信条——"我很好，我很健康，所以我不能要求太多。"或者"我不是那么重要。"

那些总是听到"看，你比姐姐强多了""我们不能让生病的妈妈负担过重"或者"你不可以打生病的妹妹"的孩子会在家庭之外寻求可能性，以此满足他们的需求，表达他们的愤怒。

如果没有这样的可能性，则可能会发展出以下信条："我不是很重要，但是我一直很可爱，让别人开心，我就会得到足够的爱。"

但是这将对健康地解决怒气和愤怒产生致命的影响。

这样的孩子成长中将几乎不能用愤怒来满足自己的需求。

● **反思问题**

我的母亲是如何处理愤怒和生气的？

我的奶奶和外婆是如何处理愤怒和生气的？

我的父亲是如何处理愤怒和生气的？

我的母亲对待愤怒和生气的态度是怎样的？

我的父亲对待愤怒和生气的态度是怎样的？

我小的时候，大人对发脾气的小女孩儿怎么说，或者怎么想？

他们对发脾气的小男孩儿怎么说？

小时候，我自己对愤怒有什么想法？

我曾经偷偷发泄过愤怒吗？
如果生气和发怒，我会受到惩罚吗？什么样的惩罚？
青春期时，我是如何经历我的愤怒和生气的？
我现在对待愤怒的态度是否和我的母亲或父亲相似？
我现在处理愤怒的行为是否与我的父母相似？

第二章

常见的情绪模式：掩饰型＆爆发型＆长期型

我不能发火——压抑情绪

许多女性，也包括男性，很难承认自己的愤怒，甚至根本无法察觉到它。生气和愤怒会让他们害怕，感到不适。

他们也害怕别人的不安和愤怒，主要是当别人的愤怒升级，对其产生精神及身体上的威胁时，会感到危险。

在这样的情况下，每个人都会想要保护自己免受伤害。但是，有些人则太在意了，没有考察清楚是否真的会有危险就躲了起来或者进行反击。

对愤怒的恐惧使他们变得过于敏感，以至于无法应对日常中的不快。但通常对别人愤怒的恐惧，其实是害怕自己生气和愤怒。

愤怒可能会形成一种巨大的能量，有些人担心自己会失控，做出或者说出让自己后悔的事情。有些人很难说出"我很生气"或者"这让我很恼火"，由于上述原因，他们不能或者不愿意感受到生气和愤怒。

这样的人会使用一些含糊的表达，比如"我不开心了"。

薇拉娜·卡斯特称这样的表达方式为"情绪万能胶"。这种含糊的表达会让人无法真正体验一种情绪，也会阻止我们理解这种情绪的意义。

芭芭拉，38岁，被称为"强大的女人"。作为制药顾问，她经常出差。她大学学的是生物学和化学，并参加了许多药学培训课程。她的男朋友拉尔夫是一家小型IT公司的团队负责人。他们两个人有意识地规划在一起的休闲时间，但是看起来总是很难达成，因为芭芭拉总是出差晚归。拉尔夫对此越来越恼火。

芭芭拉希望他能谅解，因为她不想因为这个话题和他发生冲突。当然，她也理解他。为了安抚他的愤怒，她为他准备了特别可口的食物，做的都是他最喜欢吃的菜。她甚至在他看喜欢的体育节目时也会陪他一起坐在电视机前，尽管她根本不感兴趣。她总是对拉尔夫解释，她在客户和医生那里只能耐心等待，直到他们有时间见她。

芭芭拉非常理解，候诊的患者已经让医生疲惫不堪，别说再加上突然到访的她了。

在接待室等待的时候，她会做其他的日程计划，或者写报告，或者安静地做呼吸练习和冥想。这样可以让她保持镇定和放松。

放松和情绪稳定对她来说非常重要。她定期去做瑜伽。很多时候，从一个客户到另一个客户的路上要开很长时间的车，她就会在车里唱歌。有时候她也会有的没的哼唱着，只是为了保持愉快的心情。

芭芭拉对大家一贯称赞她的友善和好心情而感到自豪。人们认为，她天性便如此快乐。拉尔夫不明白，芭芭拉怎么能在工作中保持这样的好心情。他一再告诉她，她的这种工作多么让他抓狂,以及他对医生以及无限的等待是多么愤怒。他很佩服女朋友的耐心,但有时她也会让他产生疑虑。他在考虑,她是否有能力感受更深层的情感。

芭芭拉感受不到生气。

她可以解释生活中的所有情况,始终知道为什么会这样。她也不愿意发火,因为她认为生气是一种会使她不开心的多余的感觉。她理解别人,并对自己给别人造成的麻烦表示歉意。

芭芭拉通过解释别人没有恶意来安抚自己的情绪。有时候,当遇到困难或者冲突时,她还是在想,自己是否做错了,或者考虑不周到了。

拉尔夫很惊奇,芭芭拉是如何掌握这一切的。"一个真正强大的女人。"他说。可芭芭拉真的强大吗?还是她只是害怕愤怒,将愤怒压抑起来?

她承认,有时候她会有些生气,但那并不是能够让她发火的理由。

但是,让她感到困扰的是,当她想要改变某些事情时,她很难坚持到底。用拳头敲着桌子喊道"那不适合我"的想法会让她感到非常不适。尽管她知道这样做会更好,但她还是喜欢在理解的前提下去处理所有事情。

事实上，她没有充分重视自己的需求，有时她会注意到，但她更愿意将这些想法快速推到一边。

她有时会在梦中和别人争吵，甚至是朝客户或者她的男朋友大喊大叫。然后满头大汗地醒来，并对自己做了这样的梦感到内疚。

她注册了马歇尔·罗森伯格的"非暴力沟通"课程。她想要在那里学习以友好的方式进行沟通，并以合理的方式满足自己的需求。

她还想让拉尔夫也去学习，以便也能学会如何用合理的方式争吵。

他拒绝了她的建议，因为现在芭芭拉的始终和善对他来说就像定了闹钟一样。

他感觉，愤怒好像总是粘在他的身上，因为芭芭拉总是友好的那一个。他希望最好能真正动摇她，因为她总是那样善解人意。而另一方面，芭芭拉不明白他为什么那么喜欢和她吵架。这是一种两难的困境，而这两者其实又喜欢彼此。

贾斯帕·尤尔谈到了"友善和正确的暴力"。

在始终友善、积极和善解人意的道德前提下,其攻击性可能被隐藏起来,特别是当人们能够很好地通过语言表达出来,并熟练和客观地与人进行争论时。

而对于对方来说,这种友善可能会让人感到虚假,其实很冷酷和没有同情心。

我们通常会排斥愤怒的感觉,因为这会让我们感到不适,并且没有学会**生气和愤怒是一种我们应该去感知的重要的情绪**。

很多人感觉不好,因为他们相信,生气会在身体和情感上伤害别人。当别人因为他们的愤怒而陷入困境时,他们会感到内疚。我们担心自己的怒气会让别人难受,破坏好心情和和谐。

但是,我们最深层害怕的是别人不再喜欢我们,当我们表现出愤怒时,我们便不再被接纳。

如果在因为别人而受伤和失望时,我们不(想)感受自己的愤怒,甚至还为他辩护,我们就会贬低自己的自我价值。也就是说,我们不会认真对待自己所受的伤害和自己的需求,被自己否认的愤怒并没有消失。

愤怒无法永远被否认或压抑。

它将以其他方式展示出来，可能在运动中、在弥漫的坏心情中、在工作中、在性爱中、在梦中、在各种身体症状中。

有些女性害怕自己的愤怒，因为那不符合自己温柔体贴的好女人形象。或者更确切地说，生气不符合她们为自己塑造的理想形象。因为生气和愤怒对有些人来说是一种禁忌，如果她们感受到这种情绪，甚至只是稍有迹象，便会感觉很糟。然后，愤怒会被误认为是"邪恶"的。在针对女性的咨询工作中，我一再遇到这种自我误解的情况。

例如，萨比娜由于强烈的和谐需求而无法感受到愤怒。

观察她的生活经历，我们发现她有长期压抑的经历。在她还是个小女孩儿的时候，有一次，她非常非常生气。她的妈妈把她拉到镜子前对她说："好好看看你自己，如果你继续发脾气，你马上就会看到自己头上长出犄角。"

小女孩儿当然非常害怕，不知道是不是有个魔鬼住在自己的身体里。在她天真的逻辑里，对妈妈说的话深信不疑，因为害怕，她还时不时照镜子确认自己没有长出犄角。

萨比娜经历了什么？

当她的妈妈给她讲了长犄角的传说时也许并没有恶意，但是萨比娜感觉到了妈妈不喜欢她发脾气。而且，她相信她发脾气的时候是一个坏孩子，而没有人会喜欢一个坏孩子。所以，这个小女孩儿当时决定："不能让任何人察觉到我的愤怒，否则所有人就会发现我是一个坏孩子（甚至是一个魔鬼）。我最好不再表现出愤怒，也不要产生愤怒。"

那些无法感受到自己的愤怒，也不想经历愤怒的人经常会有"我是邪恶的，但是不能让任何人发现"的生活剧本模式。

可以存在多少愤怒？这个世界上充满了烦恼、愤怒和暴力。可以理解，人们害怕攻击性。

贾斯帕·尤尔担心在儿童教育中出现"攻击性禁忌"。有些人根据肤浅的联系，"攻击性会导致暴力，而暴力最终会导致战争"，得出这样的结论：我们不想要战争，也不想要暴力，所以也不想要攻击性。

而事实上，暴力和战争的存在除受攻击性影响之外，还受很多其他因素影响，例如，权力和利益。

但是，孩子们该如何学习用健康的方式与生气和愤怒相处，而不是去压抑它们呢？

许多地方开展了反暴力训练。

孩子们学习对彼此不做出愤怒和攻击性反应，而且不仅在校园里。他们要学习控制自己的愤怒，并用语言表达自己的心理状态和需求。

对我来说，这仍然存在一个问题，如果女孩儿和男孩儿们不再嬉戏打闹，衡量和释放自己的力量，这种方式最终是否也会导致攻击性禁忌？

被动攻击性或者"我对此无能为力"

所谓的"**被动攻击性**"，是压抑不被允许向外宣泄的愤怒的另外一种方式。

卡琳是一家大型全科诊所的助理医生。她与塔玛拉一起在前台工作，负责预约和发药方。塔玛拉才刚来几个星期，她为卡琳提供帮助，也负责一些其他工作，比如，为病人做心电图、换绷带等。

相互着想和帮助是良好合作关系的前提。几周后，卡琳注意到，塔玛拉整理东西并不总是很仔细，有时还会忘记一些东西。但是塔玛拉每次都非常和善地道歉，并尽力迅速解决所有问题。

所以，两个女人相处得很好。她们俩都经历了一段失败的感情，目前处于单身状态。她们在午休的时候经常会相互倾诉和交流。此外，她们俩都热衷于徒步旅行。所以，卡琳和塔玛拉计划下一个暑假一起度过，来一次两个星期的徒步旅行。

塔玛拉提供了一条步行路线，然后为两个人预订了合适的酒店。但是她一次又一次地推迟计划，期间总有其他事情发生。卡琳变得不耐烦了。但好在房间预订还一切顺利。

在工作中，塔玛拉也不总是很健谈，她解释为自己感觉比较疲惫。但是她似乎经常分心，好像没有听到卡琳给她的工作任务。当卡琳和她说话时，她又试图迅速解决掉所有问题。

一次，当两个人约好了晚上一起看电影时，塔玛拉迟到了："哦，我以为我们约的是八点半见面，我搞错了，对不起。"卡琳是一个非常有耐心的女人，她没有多说什么。

但是，在远足假期中，她崩溃了：塔玛拉忘记预订住宿和准备地图。最后，还是卡琳自己负责了日常线路规划并确保一直有充足的食物补给。在某一刻，卡琳终于失去了所有耐心："所有的事情都得我来负责！"而塔玛拉只是回答道："非常抱歉，我不是故意的。"

卡琳决定不再和塔玛拉一起去度假，并且下班后也只是偶尔一起出去。她还发现，诊所中的其他女同事逐渐对塔玛拉感到恼火，并对她的道歉感到厌倦。而当她们忍不住发火，和塔玛拉讨论她的疏忽时，她们会听到塔玛拉这样的指责："我不知道你们怎么了，你们为什么这么生气，我根本什么都没做。好吧，我忘记了一个预约，可那是因为我的压力实在太大了。我已经道歉了啊，你们到底想怎么样？"

塔玛拉的这种行为被称为**"被动攻击性"**。被动攻击性行为并非直接怀有敌意，而是相反，某人什么都不做：不完成工作任务，不回答问题，等着问题自己被解决。通过这样的方式避免直接冲突。当被问及他们的行为时，他们常常会感到惊讶，因为他们"什么都没做"。

被动攻击性者会让身边的人感到非常生气。请记住，被动攻击性者自己通常会压抑愤怒。这些人通常会有这样的信条："如果我发脾气，别人会不喜欢我。"甚至是"我不允许自己发脾气"。

不被允许的怒气会表现为对别人缺乏尊重、疏忽、忘记约定、沉默、不为自己的行为负责。

在社会环境中，被动攻击性可能以突然疲劳、退缩或者冷漠表现出来。"我不知道应该说什么"或者"我没什么话说"，都是被动攻击性者的典型表达方式。

他们很容易说"我不知道"，而不是清楚地说明"我不想谈这个"或者"我不想这样做"，这避免了直接的辩论。

卡琳想向她的同事塔玛拉说明一些有关患者账单的重要事项，而她却仍在检查材料清单。当卡琳问她："你到底有没有在听我说？"她会回答："当然，但是我想要尽快完成这些清单。"

两个女人在沟通中都不清晰和足够重视自己的需求。

卡琳可以说："我想要和你说明一些工作的事情，现在希望你注意听一下，先把清单放到一边，你现在可以吗？"

而塔玛拉也可以坚持她的需要，说："我想要先完成这些清单，你能等会儿再和我说吗？"这样两个人就可以一起考虑如何处理这个情况了。

这是一个很平常的例子，但却非常清楚地说明，特别是在那些微不足道的日常情况下，没有明确的沟通也会导致本应避免的事情发生——愤怒。

在未被意识到的被动攻击性行为背后通常都隐藏着童年的痛苦经历。

表达自己的情绪，坚持自己的观点都是危险的，危险的意思是会因此受到家长的拒绝，甚至惩罚。

我们已经多次经历过，孩子们会决定："我最好什么也不说，或者什么也不做，这样我就不会错，事情也不会变得更糟！"用被动攻击性的形式间接表达出愤怒，这适用于生病、失望的家长。但是，在童年时期表现这样的情绪是危险的。

被动攻击性非常有效，它会逐渐在他人的身体中移动、蔓延,不会引起任何具体的冲突和公开的反抗。这会形成恶性循环。

被动攻击性者会造成对方产生攻击性,通常不知道什么时候便会偏离正轨,有时恰恰会触发被动攻击性者攻击:现在,对方公开进行攻击,那么从他的角度终于可以理直气壮地发脾气了。

我说过,有些人在儿童时期会因为公开的攻击性而感受到家长不理他们了,不爱他们了的惩罚。

这是攻击性行为,但并不是真正意义上的"攻击""破裂",而是一种疏远。被这样惩罚的人通常会产生"我不值得别人喜欢"的想法。所以,在人际关系中,冷战是迫使对方适应自己的最有效的施加压力的方法之一。

探索自己对愤怒的态度,并以我们的生活经历为背景去审视自己过往的经历,这会对你有所帮助。

我们只有糟糕甚至创伤性的愤怒和生气的经历吗?还是也有建设性的经验?

看看自己过往的经历,也许可以帮助我们理解并接受自己将压抑愤怒作为早期的"生存策略"。这是我们和自己和解,而不是对自己生气的第一步,因为我们之前对自己的愤怒了解太少了。

● **反思问题**

我能够多大程度感知到自己的生气和愤怒?

我更愿意不去真正感知它吗?

我有时会假装自己没有生气吗?

我是否会通过分散注意力等方式让自己快速压下刚刚萌芽的怒气?

我是否更愿意放弃冲突,而非积极地促进冲突?

我有时是否更愿意不做出任何反应、不表达自己,并且假装什么都没有发生?

在我周围是否有这种被动攻击性者,面对这样的人,我是否感到无助或者愤怒?

什么能够给我勇气,让我直接、清楚地说出自己的需求或愤怒?

伤心代替发怒，还是发怒代替伤心

当玛丽亚的丈夫向她坦白，他不确定自己是否像刚开始那样爱她时，玛利亚说："我并不生你的气，我只是非常失望和伤心。"

玛丽亚今年 36 岁，结婚六年。她和丈夫有两个孩子，分别是两岁和四岁。玛丽亚的丈夫在一家大公司担任工程师，并且是项目负责人。玛丽亚是一位老师，但自孩子出生以来，她就一直待在家里。除了自己的孩子，她有时还帮忙照看邻居家的孩子，也由此赚点儿钱。

她想重新开始工作，但是她的小儿子患有心脏病，所以，她不想将他送到幼儿园，尤其是他可能还需要进行手术。她的女儿已经开始上幼儿园了。

玛丽亚是一个细心且充满爱心的妈妈。她努力帮助孩子们成长，并且很喜欢和他们一起玩游戏和做手工。她把家照顾得井井有条，并尽可能地给予丈夫支持和自由。他高难度的工作任务通常需要付出很多精力。总体来说，玛丽亚对自己的生活感到很满意。但她很期待，什么时候两个孩子都去幼儿园了，能让她有自己的时间，可以重新与别人接触。

她和丈夫相处融洽，生活舒适而满足。直到一天晚上，他告诉她，他感觉他们之间的关系有些不一样了，他对她不再那么有感觉了。

在她的询问下，他承认自己爱上了一位同事："和她在一起，除了家庭、女儿和生病的小儿子，我还有更多话题可以聊。"

玛丽亚感到震惊，也非常伤心。她哭了很久。她不想失去自己的丈夫，她问丈夫（和她自己）她现在可以做什么。他并没有打算立即和她分开，而是想要先了解自己的状况以及未来想要什么。玛丽亚觉得这样的情况对他也不好，所以，这个时候，她更愿意体贴和宽容他。

她感觉非常孤单，而她的丈夫却越来越退缩。在周末，他宁愿去慢跑或骑自行车，也不愿意跟她和孩子们一起做些什么，或者像以前那样负责陪孩子们一段时间，好让她有几个小时的时间可以做些自己想做的事情。

她越来越精疲力竭，睡眠也不好。"很幸运，我还有孩子们，他们会转移我的注意力。"两个孩子非常依赖他们的母亲，也许他们也感觉到了玛丽亚有多伤心。

晚上和周末，玛丽亚通常会等丈夫回家。但是，他也不像以往那样愿意聊天。她也不想每次都问他的工作怎么样，以及他是否又遇到了那位女同事。她现在经常会煮他喜欢的食物取悦他。

如果他回来得实在太晚，她会坐在厨房的餐桌旁对着冷掉的食物哭。

她惊讶地发现，当他看到她满面泪水时，竟然表现得非常冷漠和排斥。他几乎无法忍受这样的情况。于是，他不会在厨房待在她身旁，而是会拿着他的食物坐到电视机前。玛丽亚没有得到想要的关注。"你至少问候式地拥抱我一下啊！你太冷漠了。"而他僵硬的拥抱更加让她感觉冷得发抖。

到底发生了什么？为什么玛丽亚的眼泪没有帮她得到想要的安慰？为什么它们会让她的丈夫离她更远？

玛丽亚的家庭有着传统模式的家庭角色分配：女性待在家里照顾年幼的孩子们，努力将母亲、主妇、妻子的角色都扮演好。虽然现在很多男性也有育儿假了，但是也还并不明确父母应该共同分担教育责任。在大多数情况下，女性只能放弃她们个人以及职业的愿望。至少到目前为止，情况还不如人意。但是，玛丽亚的眼泪有什么特别之处呢？

眼泪有一种社会功能。如果看到别人哭了，我们通常会产生去安慰他们的冲动，因为在这样的情况下，我们的镜像神经元会使我们感受到他们的痛苦，尤其是因为某种痛苦、伤害性或者失望的情况而流泪时。

有时候，当我们不想接触别人的痛苦时，他们的眼泪会让我们感到不适。

因为这样会让我们感觉到无助。但有时，我们也会感觉那不是真实或合适的。然后我们会感觉被某种令人讨厌的方式逼着去安慰对方，虽然我们并不想这样做。这种"不真实的"眼泪会让我们感觉对方那么伤心都是我们的错。

玛丽亚的丈夫一定也有这样的感觉。于是，他转身离去，留下玛丽亚一个人独自面对痛苦。毕竟他确实有责任。

可是，玛丽亚没有理由难过吗？她有，但同时又少了些什么，她的生气呢？她的愤怒呢？

玛丽亚向一位好朋友倾诉她的痛苦，那位朋友听了之后直接的反应是："如果是我，我会撕了他！他让你一个人带孩子，做所有家务，而他周末去运动或者和他的女同事一起快活。而且你还煮他最喜欢的食物！你疯了吗？！"

玛丽亚对她朋友的反应感到非常震惊。她更伤心了，因为她现在又感觉到了朋友的不赞同、失望和不理解。

但是，当她的朋友充满爱意地拥抱了她，并保证她能够理解玛丽亚的悲伤时，玛丽亚的焦虑消失了。现在，她可以释放痛苦，可以哭泣了。

然后，玛丽亚问：如果她的朋友在她的处境下，为什么会感到如此愤怒？她的朋友告诉她，如果伴侣用这样的方式从他们的关系和家庭中逃走，她会非常愤怒，因为他本可以早点儿说出他的不满，然后两个人一起寻找解决方案。

这时，玛丽亚自己也感到很惊讶。她注意到，自己完全没有感觉或感到过愤怒。另外，她还注意到，她在生活中从来不曾生气或发脾气。她自认为是一个有耐心、善解人意的女人，她总是努力做好一切并照顾好每一个人。她认为这就是她天生的女性角色，而她也很喜欢扮演这样一个角色。"愤怒没有任何作用，只会造成更多冲突。最重要的是：我爱他！"

生气和愤怒与爱不能兼容吗？这些感情一定相互排斥吗？

显然，玛丽亚是这么认为的。她不记得自己在童年或青年时期发过脾气。

她的原生家庭非常重视和谐。和她爱发脾气的姐姐相比，玛丽亚在儿童时期就经常被夸奖是一个友好、善解人意的孩子。那时候，如果她的姐姐大喊大叫、有攻击性时，她的母亲通常会抱怨说："我到底对你做错了什么？"有时候，母亲也会哭。那时候，玛丽亚不希望母亲也因为自己而伤心。她想让妈妈开心，"她对我做的一切都是对的"。

玛丽亚的母亲也是一个在处理攻击性方面存在困难的女性吗？那她的祖母是什么样的？

玛丽亚认真思考，想要找到答案。当她想到自己可能会生气和愤怒时，她会感到非常害怕。她担心自己不再被喜欢。

许多人，特别是女性，更倾向于伤心，而不是愤怒。他们无法或者很难感知自己生气的情绪。

也许他们在某些情况下会有这样的感觉一闪而过，但很快失望、痛苦、悲伤的情绪便会取而代之。自己的愤怒就这样被压抑了。

而对方也并不喜欢这样的感觉，这会让他们感到更加不适，并产生恐惧。

他们大多数在童年曾有过自己的愤怒"是错误"的经历，因此受到责骂或者惩罚。他们害怕因为自己的愤怒而不再被爱。

也许成年人也不知道如何正确处理他们自然的、孩子时的怒气，而这样的经历却导致在孩子的逻辑中产生这样的信条："如果我发脾气了，别人就不喜欢我了。所以，我最好不要表现出生气。"而在这样的情况下，小女孩儿们会有这样的经验，如果她们用伤心代替愤怒，会更容易得到母亲的注意。因为弟弟剪掉了布娃娃的头发而哭泣的女孩儿，一定会得到妈妈的安慰。但是，如果她大喊大叫，或打了弟弟，而且导致弟弟大发脾气呢？她还会得到拥抱吗？

悲伤会被家长接受，而愤怒不会。因此，孩子便学会了所谓的"**替代感觉**"，这在心理分析中也被称为"掩盖感觉"。对于很多父母来说，应付一个伤心的小女孩儿比一个发脾气的小女孩儿要容易得多。男孩子的愤怒更容易被接受，而有时，他们又存在害怕感受痛苦和悲伤方面的问题。虽然很幸运，现在的父母通常会更有意识地做出反应，但是"男孩儿不哭"以及"印第安人不会疼"这样的教育格言依旧没有完全消失。

我们再回到用伤心代替愤怒的女性：可以想象，她们小时候在家庭中经历过愤怒和暴力。这对一个孩子来说是非常可怕的事情。

也许她们当时，有时很早就决定"我不要这样"。如此早期形成的决定及信念就可以解释为什么有些女性在成年后很难察觉到自己的愤怒，更不用说公开表达自己的愤怒了。

生气总是真的生气吗？它是否可能是其他情绪的替代情绪？我们来看一下贝亚特的故事。

乍一看，贝亚特不会给人无法感知到愤怒的印象，相反，她很容易生气。在对家人感到恼火时，她会很快就大声说出来。

贝亚特是一个女强人，在工作中是个"女汉子"。她在一家大型汽车维修店负责会计和所有审计工作。贝亚特如此雷厉风行，是因为这个行业流行更简单直接的沟通方式吗，还是仅仅因为这就是她原本的样子，所以她适合这个行业？

她和丈夫有两个孩子，一个儿子，一个女儿。她有一个问题，总是很容易发脾气并破口大骂。

贝亚特也经常为自己的冲动爆发感到抱歉，并为此道歉。她爱她的丈夫和两个孩子，并一再告诉他们这一点。

在她暴躁的外表下是否也隐藏着柔软的一面，只是她无法感受到呢？例如，害怕或者悲伤时，她只知道，她很不喜欢哭。她的座右铭是"女人必须坚强"！她总是有办法，并可以迅速地找到实用的解决方法。

贝亚特最好的朋友患了乳腺癌,贝亚特非常震惊。

在她去看望朋友的那些日子里,她特别容易生气,并且对孩子们和丈夫的每件小事都感到恼火。

贝亚特将这解释为她的好朋友生病了,所以她心情很糟。

贝亚特在工作中也很容易朝坐在她旁边的一位女同事发脾气。"她就是个爱哭鬼,老板还没说她呢,她就开始哭。哭没有任何用!"

当她患有轻度痴呆症的母亲不得不搬去疗养院时,贝亚特帮助了她。

贝亚特一如既往地扮演着强者的角色,掌管一切。同时,她又一直在斥责政府、医生和护士。家里的气氛也同样非常紧张。她的孩子们开始躲着她,更多地待在朋友家。女儿如果什么时候伤心了,她宁愿去找父亲获得安慰,因为在母亲那里,她会感觉很有负担。

有时,她与孩子们以及她自己的相处方式让她感觉很痛苦。她总是在发脾气,搞得全家人心情都很糟。一天晚上,她和丈夫两个人一起坐在电视机前的沙发上,他自然地把她拥进怀里:"你为照顾好你的朋友和母亲操了很多心,你一定很难过。"

贝亚特突然感觉非常无力,一下子爆发出来:"是的,我感到无助和难过,这太可怕了!"但她又迅速重振精神,挺直脊背说:"我必须坚持到底,我只是对别人对待我朋友和母亲的方式很生气!"

当她丈夫将她拥入怀中给她安慰和支持时,贝亚特不会感到放松一些吗?是什么让她很快又中断这种感觉,快速将这些情绪压制了下去呢?

显然,对于贝亚特来说,她很难忍受无助和悲伤的感觉。
这些情绪真的如此可怕吗?
只有当没有人接受、倾听、理解或者只是单纯地安慰她的这些情绪时,这些情绪才会让人觉得可怕。在贝亚特身上发生过什么让她如此难以接受柔弱的感觉吗?
她用坚硬和易怒掩盖了她的无助和悲伤。

贝亚特是家里的第三个孩子,她有两个哥哥。她出生不久,父母的婚姻便破裂了。之前，父亲因为工作的原因被调到另外一个城市，并在那里发展了一段婚外情。他周末回家的时候，母亲通常都会和他大吵一架。母亲总是在哭泣和大喊大叫之间相互切换。贝亚特觉得她这样非常可怕，并偷偷地支持爸爸，只是他真的太少回家了。

父母离婚后，她见到他的次数就更少了。对她来说，最糟糕的就是母亲坐在厨房里边哭边抱怨没有人照顾她，两个大儿子也帮不上忙。

她的两个哥哥也确实更愿意往外跑。他们经常不在家，他们有一群伙伴，经常约着到处闲逛。贝亚特也想要加入。

一次，他们带她一起去森林里玩印第安人的游戏。那时候她八岁。男孩儿们躲了起来，贝亚特突然找不到他们，她感到非常害怕，便开始哭。男孩儿们模仿印第安人高声喊叫着从他们隐藏的地方跑出来，指着贝亚特大喊道："爱哭鬼！这样的人不能加入我们印第安人！快走吧，快回家去吧！回到厨房里找妈妈去吧，然后你们就可以一起哭了！"

在这一刻，贝亚特下定决心："我不要再哭了！"

几个星期以后，她问她的哥哥们，她可不可以参加游戏，她也想要变得勇敢。哥哥们同意了，但是他们有一个条件，贝亚特要经过三项勇气考验，并且不能哭。通过后，她就可以加入他们。

在第一项勇气考验中，贝亚特要光着脚在蚁丘上走。第二项考验是她要去街上拉一个大家都不喜欢的男孩儿的头发，并骂他是"老变态"，而且还要对他说："如果你敢告诉别人，我的朋友们就会来揍你！"她必须要证明她的胆量。而在第三项考验中，她要证明她不会害怕。

男孩们把她绑在森林里的一棵树上，并对她说，她必须要一个人在那里待一个小时，然后他们会回来把她放开。贝亚特心里万分恐惧：他们真的会回来放了我吗？森林里那些奇怪的声音是什么？如果有野兽来了怎么办？她咬紧牙关。

开始的时候，她流了几滴眼泪，但她只是悄悄流泪，因为她不知道他们是否就躲在附近的某个地方。经过了漫长的一个小时后，他们开心地回来放开了贝亚特。"那么，你哭了吗？你害怕了吗？"贝亚特说没有。男孩儿们召开了他们的印第安人会议进行投票。七个男孩儿里有六个人投了赞同票，贝亚特被接受了。

"但是，如果你哭了，你就必须马上离开！"贝亚特为自己感到骄傲。但是，她如何处理自己的恐惧，特别是对让她经受这样残忍的考验的男孩们的愤怒？她把它们压抑了下去。其实，她几乎没有感觉到自己对男孩们的愤怒，因为她是如此的勇敢。

从那时候起，贝亚特开始在各种场合释放她的愤怒。

她很快变得吵闹，这样她便得到了哥哥们的认可，并感到自己很坚强和勇敢。在家里她也变得更叛逆。在这期间，她与母亲间的距离也越来越远。当母亲再次哭泣并抱怨自己的生活和失败的婚姻时，她感到非常生气。

贝亚特早早就离开了家。她的两个哥哥在她之前就已经搬出去了。她意识到这对母亲不公平，但她抗拒了内心的罪恶感。

她和以前一样经常对母亲发脾气。她在毕业之后马上就在汽车修理厂找到了工作，她非常高兴。她和男孩儿，包括"大男孩儿"都能相处得很好。如果生活不总是让她陷入痛苦的境地该多好，就像现在，她不得不面对重病的朋友和痴呆的母亲。

贝亚特的丈夫感觉到她在心里筑了一道围墙，无法接收到他的帮助和安慰，他也了解她过往的经历。经过一番犹豫之后，贝亚特接受了他的建议，通过心理治疗来帮助自己处理愤怒。

贝亚特花了好长时间才开始接受治疗，并能够建立信任。顺便说一句，她找了一位男性治疗师。她还必须重新建立自信：信任她的任何情绪都是被允许的，并受到欢迎的，包括她"柔弱的"情绪，例如悲伤、害怕以及无助。

她知道自己还有很长的路要走，但是现在她感觉越来越好了，很多积压已久的眼泪也可以流出来了。同时，贝亚特发现她的怒气越来越少了。现在，在与生病的母亲和朋友相处时，她可以更好地接纳自己的无助和无力了。

她的朋友最后还是去世了，贝亚特第一次在她丈夫的怀里彻底释放了她的伤痛，伤心地哭了很久很久。而这些痛苦却让她感觉自己越来越"完整"了。她很喜欢自己成为一个既能够坚强，又能够柔弱的女人。

在贝亚特的例子中，我们看到一个孩子在内心深处是如何决定不再悲伤的，因为那样太痛苦了。

贝亚特下定决心要坚强，不再哭泣，那时候她无法预见会产生什么后果。

对很多人来说，允许柔弱和无能为力的情绪存在是非常困难的事情，我们更愿意把责任推给周围的环境或者其他人，而不愿意让自己感觉无能或不确定。"过度自信"比"缺乏自信"让人感觉更好。

对于贝亚特来说，在当时的境遇下，她的决定是明智的。在父亲离开后，她获得了哥哥们的关注，并感觉自己是他们中的一员。这一点非常重要，因为贝亚特与她的母亲之间并没有非常亲密的联系。

归属感是儿童的一种核心需求，成年人也同样。童年时期的贝亚特会为此做任何事情，包括通常联想到男性的"我必须一直坚强"的策略，她认为也适用于女性。

想要区分当前的愤怒是真实、原始的，还是某种替代情绪，并不总是很容易。

真实的情绪符合当时的情况，大多数人都会有相似的反应。情绪的真实性也体现在我们是否思考，我们的情绪反应是否合适等方面。

通常，愤怒与当下的事情有关，也是对眼下的失望、受伤或者被侵犯做出的反应。

如果愤怒是真实的，那么其程度便符合事情的情况。

愤怒会让人释放用于解决和管理情况的能量。愤怒的程度也不是保持不变的，它可能会减弱或增强。当我们向某人讲述令自己愤怒的事情时，如果对方表示非常理解，那么我们的愤怒便会暂时再次爆发，然后再次消退。

从我们解决冲突开始，愤怒便会减弱，通常只要我们考虑自己想要如何处理问题，它便已经开始减弱。

如果我们不是对当下，而是对想象中未来的事件感到愤怒，虽然我们的愤怒也是当下的感觉，但它只是一种投影，它符合某事一定会发生的预期。

也就是说，在这样的情况下，我们已经存在"积压的愤怒"、旧伤害。

因此，我们预期并害怕这些会再次发生，包括当我们对过去的经历感到愤怒时，也就意味着还存在着未得到处理和治疗的失望、伤害。在心中，我们可能会一再激起以前的愤怒。

如果愤怒是一种替代情绪，就意味着我们宁愿发脾气、愤怒，也不愿意允许自己有不确定、无能为力或者悲伤的情绪。愤怒作为替代情绪，其程度会一直很强烈，几乎没有什么波动。它持续的时间很长，而且随时可能被重新激起。

在这样的情况下，向别人诉说，几乎或者完全得不到缓解。

如果愤怒是一种替代情绪，人们会在倾诉的过程中不断强调自己是多么生气。生气对他们来说是一种熟悉的感觉，因为他们很早就学会了这种感觉。

当别人不能真正明白或者反对他们的这种愤怒情绪时，他们会无法理解。

和真实感受的愤怒不同，作为替代情绪的愤怒无法帮助我们解决问题。

愤怒的能量都在责骂中消失了。

替代情绪会更容易在人与人之间产生距离，而不是更亲近。

它们会阻碍自然的同理心，因为我们的镜像神经元经常会错误地做出反应：我们不理解对方为什么如此生气，因为我们认为他向我们讲述的并没有什么特别令人生气的事情，而是会产生某种其他的感觉。

● 反思问题

我通常对情绪的感知能力如何？

我经常产生哪些情绪？

哪些情绪对我来说比较陌生？

当某些事情让我感到不适或者困扰时，我会更容易感觉到悲伤吗？

在愤怒时，我会大哭吗？

比起悲伤，我更经常发怒吗？

在感觉无助或者不确定时，我是否经常发脾气？

我能够很好地反思并评估在某些情况下什么样的怒气是合理的吗？

如果我们像收集打折券一样积攒怒气

愤怒的感觉也可以像纪念照或者积分一样被"保存"和"收集"起来。

这样的事情每天都可能发生,在某些情况下,我们对某些事情感到生气,但是又不想说出来,因为觉得当时不合适。

然后,我们等待着正确的时机。但是,因为某种原因,我们并没有等到或者错过了机会,然后又变得不合适了。这种经常反复被压抑的小怒气就会被积攒起来。

我们可以通过"又来了"这样的词认识它的存在。看看苏珊娜的例子。

苏珊娜嫁给了格奥尔格。八年来，两个人一直生活在郊区的一栋小房子里。两个人都有工作，苏珊娜在一家大公司担任旅行经理，格奥尔格经营一家小型电气店，有三名员工。

苏珊娜和格奥尔格认为自己是现代夫妻。因为他们两个人都工作，且没有孩子，所以他们所赚的钱绰绰有余，可以出去愉快地旅行。

开始的时候，他们对双方关于现代婚姻的想法进行了沟通，并约定共同承担家务和花园里的活儿，毕竟两个人都有工作。

但是，随着时间的推移，苏珊娜并不喜欢的一些习惯形成了。她发现，格奥尔格经常把做饭和收拾家的任务推给她。

一开始，她认为在格奥尔格负责做饭时点个比萨没问题。但是，周末的时候，她在花园里干活儿或者忙着洗衣服，而格奥尔格却越来越经常地待在他的工作室里整理他店里的文件。当到了准备做饭或者吃饭的时间，她问他："我们今天做点儿什么吃？"他会回答："随便吃什么都行，我还在忙。但是你也别做太麻烦的。"

对此，苏珊娜一直很生气，因为总是她在负责周末的食物。

她和格奥尔格谈过，也理解他要操心店里的事情，其中也包括在周末整理文件。就这样，她又咽下了她的怒气。

可问题是，现在苏珊娜的怒气怎么样了？"打折券收集册"能够很好地呈现出她被积攒起来的怒气画面。

就像将超市打折券粘在小册子里一样，生气的感觉也可以被收集起来，粘在一个虚拟的小册子里。

在苏珊娜的这个例子里，每当苏珊娜想"他又没有时间做饭"时，都会将怒气收集起来。因为她原则上接受格奥尔格的解释，不能每次都抱怨。所以，她只能悄悄地积攒她的愤怒。

过了一段时间，苏珊娜发现，格奥尔格连他自己的衣服也不放进衣柜里了，还经常把工具和没做完的手工放在客厅。对此她也很生气，但她不想成为"脾气暴躁的老阿姨"，所以她什么也没说。

有时候，星期六早上，苏珊娜准备好早餐等着格奥尔格，他却告诉她，他还要工作。她感觉自己已经快忍不住要发火了。幸运的是，星期日还是"神圣的"，苏珊娜和格奥尔格会一起做些什么。苏珊娜渐渐地开始想，什么时候格奥尔格在星期日也会和她说，他还有工作没忙完。

而事实上，接下来某一个星期日，格奥尔格就和她商量，想要推迟计划好的远足，因为他还要工作。这一次，苏珊娜在她的集邮册里记上了重重的一笔。

这时，她已经积累了很多怒气了。

一次，格奥尔格有一个小疏忽，他忘记把她的信从邮局带回来，苏珊娜便将积攒的所有怒气一并爆发了："你就只会想着你的工作！我对你来说什么都不是。"

格奥尔格感到很惊讶，为什么苏珊娜因为他忘记了几封信就这么生气。他不知道，其实自己的一个小疏忽对苏珊娜来说就是点燃炸药桶的导火索。

可以说，这是她集邮册里的最后一张"邮票"。现在，她感觉自己有理由可以将所有怒气一股脑儿地都扔给他。

你们中的很多人可能都有过类似的经历。我们每个人也都一定有一个这样的"集邮册"。

如果我们不时地看看自己的小册子里都积攒了哪些"怒气"

邮票，情况就不会更糟。有些女性会在集邮册满了的时候相对较快地兑现，正好惹到她的人便会收到完全不该属于他或她的怒气。

我们不时地思考一下一段时间以来遇到的大大小小怒气是非常有意义的一件事。找一个安静的环境和引起我们怒气的人谈一谈，这样，可以以一种建设性的方式兑现我们的"集邮册"。

在和别人的谈话中，我们可以将潜藏的冲突说清楚，明确说出什么对我们是重要的，什么让我们生气，然后和对方一起思考有哪些解决方案。

如果长时间压抑和积累愤怒，事情会变得很糟。

这样的积累可能持续数月甚至数年。然后，某一时刻，因为一件或大或小的事情，积累的所有怒气就会一起爆发。

当然，这时的怒气不再与当时产生它时的时间相关联，而且也很有可能并不合时宜。

有时，这样的怒气爆发甚至会导致一些冲动的举动，比如，突然分手或者身体暴力。

有时候,积累的愤怒也会波及无辜的受害者。比如,苏珊娜也可能把她对丈夫积累的怒气撒到同事身上。

她需要的只是一个小小的理由,一次小小的冒犯,让她想起对丈夫的失望。苏珊娜甚至意识不到,自己将怒气从原来让她生气的人身上转移到了不相关的人身上,她的怒气重新被激活了。

神经生物学家乔亚希姆·鲍尔说:"我们的大脑具有攻击性记忆。""但是,**激活攻击系统的经历并不会立即通过攻击做出反应,而是会留下情绪轨迹,像罐头一样,将这种攻击冲动保存起来,以备将来使用。**"

本节开头提到的"又来了",就是积累愤怒的一种标志。如果我们注意到在某些情况下会想:"又来了!"那它就是在提醒我们。

所以,我们应该经常看看自己是否又在"怒气集邮册"中粘上了一张邮票。

那些因为生气会让自己感觉是坏人,所以不让自己生气的女性，当然也会将压抑的愤怒积累起来。

对她们来说，通过某种方式摆脱这种积累的愤怒是特别困难的事情，因为生气或者愤怒是一种禁忌。所以，她们不会对别人，而是会对自己释放积攒的怒气。

然后她们会贬低自己的价值，因为她们感觉自己很"坏"。

丽莎和她的丈夫曼弗雷德在一座大城市的郊区生活了很多年。他们两个人都非常喜欢市里的各种文化节目，特别是话剧和音乐会。最近又有音乐会了，丽莎早早地买好了票。她特别期待音乐会之夜的到来，很早便开始打扮。

当她在浴室里化妆时，她问了曼弗雷德两次他要不要也开始换衣服，而曼弗雷德正在电脑前整理上次度假的照片。

丽莎担心他又会来不及收拾，然后他们又得火急火燎地赶时间。

曼弗雷德经常这样，而她每次都非常生气。她也会不时抱怨，但是并没有什么用。曼弗雷德通常都会安慰她，别人比他们来得还要晚呢。但是，这一次，丽莎真的想准时出发，这样他们也许可以在剧院的休息室里安静地喝一杯香槟，平复好情绪，准备欣赏音乐会。

和往常一样，曼弗雷德不喜欢她敦促他。

"别总催我，我只是想快点儿把事情完成。我很快就好了。"最后，他们还是很晚才出发。去往市区的路上交通非常拥挤，他们花了很长时间，到了之后，停车场已经满了。

现在，时间越来越紧了。他们还要转几圈才能找到停车位，然后再跑到音乐厅。丽莎的心里已经非常生气，但还是咬紧牙关，以免更刺激到曼弗雷德。

音乐厅的走廊已经空了，大厅的门已经关了，丽萨和曼弗雷德进不去了。丽萨非常失望，思绪在她脑海中翻转："总是因为你……因为你永远不能准时……你从来不听我的……现在你看到结果了吧。"

曼弗雷德不说话，就站在那里。但是，丽莎并没有斥责他，她只是保持沉默，露出非常失望的表情。

在她看来，这是比大声责备他更有效的惩罚。实际上，曼弗雷德非常难受和愧疚。但是，他并未道歉和承认是自己造成了迟到，而是试图用停车位紧张来当借口。除了愤怒之外，丽莎内心还有一丝满足感，因为他现在感到很难受。

幸运的是，在第一乐章结束后，大门又重新打开了一次，丽莎和曼弗雷德终于可以入座了。对于曼弗雷德来说，整个世界仿佛又恢复了秩序，而丽莎却需要很长一段时间才能让自己真正沉浸在音乐中，安静欣赏。

回顾这段经历时，丽莎说，她的满足感非常强烈，而且相当满意。是的，她最后非常享受这种满足感，就是现在回忆起来仍然感到很满足。这种满足感对她来说，就像是由于曼弗雷德的不抓紧时间而导致他们经常遭受挫折的补偿。

在丽莎的例子中，我们可以看到有各种方法可以兑现一个人的怒气集邮册。

当然，对于丽莎来说，在这样的情况下，产生一定程度当前的、真实的愤怒是合理的，也是可以理解的。但是，这种"新鲜的"的愤怒也与以前的、保存的愤怒有关。想想丽莎脑海中出现的"总是""从来不"等。

最后这一次具体而真实的事件唤醒了她对之前相关情况的记忆，以及为此而压抑的怒气，这些导致丽莎的"集邮册"被翻开和兑现。丽莎也可以在音乐厅的走廊里把曼弗雷德责骂一顿，对他大喊大叫，但是，她自动地选择了另外一种方式，即通过沉默和失望的表情让他感到强烈的内疚。

由此，她从压抑的愤怒中解脱了出来。

她享受这种满意的感觉，这明显证明，她能够从这个特定的情况中获得"心理上的利益"。音乐厅的不顺利给她的失望和沮丧带来了她所期望的补偿。

而这样的情况通常会根据可预见的模式继续进行下去。我们以曼弗雷德和丽莎的故事为例：他会道歉并承诺下次一定改正。她先是心怀希望地接受了他的道歉，但同时也怀疑他是否是认真的，是否真的会改变。而下一次再出现类似情况时，她心里便会暗暗等着，看看这次会如何？而旧模式迟早还会重演。

这又是谁的错呢？谁来承担责任？只有曼弗雷德吗？还是丽莎也有一部分责任？曼弗雷德的责任很清楚：他时间管理的方式太"随意"。那丽莎的责任呢？

这里我们要仔细了解，比如询问：她是否有和曼弗雷德清楚、明确地约定好时间？她多大程度地依赖他？

如果曼弗雷德在约定的时间没有准备好，她自己也可以准时出发。此外，她还应该和他一起谈谈，以便为这种一再出现的问题和她不同的需求找到一个解决方法。

丽莎应该想想，她自己如何满足自己准时的需求以及她准备好做出什么样的妥协，以便在未来不会再积攒类似的怒气，而不只是责骂曼弗雷德。

如果这样的"怒气收集"在人际关系中反复出现，不仅在伴侣之间，也在职场关系或朋友之间，并且已经可以预见兑现怒气，我们则称之为"心理表演"。

此类表演遵循的是一种典型模式的无意识行为序列。虽然它们是无意识的，非有意启动的，但参与者却对事情的发生很熟悉。当这种模式即将开始时，参与者已经可以预测到事情将如何发展了。

每当丽莎想要和曼弗雷德约会时，他们俩的表演便已经开始了：她没有明确说明她想要什么时候出发，而他则保持被动。每个人都不言自明地确定了自己的表演角色。

丽莎不明确的开场："我们什么时候出发？"而曼弗雷德也同样不清楚地回答："等我完成这个。"这样一来，他们俩都无须直接表明自己的需求。两个人都说得含糊不清，这样就可以在潜意识中认为自己可以指责对方，而无须说明。

她隐藏的愿望是："我想和你一起准时出发。"而他的则是："我想把这个完成。"她的猜测是：这次很可能又无法准时。他不重视我，我对他来说不重要。而他的想法是：她总是不断地催促，而且非要打扮得那么正式，我感到很烦躁。她总是打扰我，现在好了，我还需要更多时间。她又不是我妈，我想要自己的空间。

结果是：两个人由于不同的原因都感觉很糟。最终，两个人都有一种感觉："我的需求不被重视。"

也许，甚至很可能，他们俩在他们一直以来的生活中，在他们的童年时代便熟悉这种感觉了。这也是为什么他们会对这种感觉如此熟悉。大多数情况下，双方最初都没有注意到这种模式是如何又一次开始的，他们只是感觉在不知不觉中又陷入了同样的境遇中。《五章自传》词作者波尼亚·尼尔森的歌词恰如其分地表现了这一现象。

五章自传

一
走过一条街，
路上有个深坑，
我掉下去，
迷茫了……
绝望了，
不是我的错，
我用了很多时间找到出去的办法。

二
又走过这条街，
路上有个深坑，
我假装看不见，
又掉下去，
不敢相信又掉进同一个地方，
但不是我的错，
还是用了很长时间出去。

三

再次走过这条街，

路上有个深坑，

我看见了，

习惯性的掉下去。

我都看见了，也知道自己掉进来了，

这不是我的错，

我立刻出去了。

四

走过这条街，

路上有个深坑，

我绕了过去。

五

我走了另一条街。

● **反思问题**

我倾向于压抑和收集愤怒吗?

对哪些人,我会经常收集"愤怒邮票"?

在哪些情况下我会经常收集愤怒,有哪些典型事例?

通常,我的"愤怒邮票"会积攒多长时间:几周,几个月,还是几年?

我会以强烈的方式来兑换积攒的愤怒吗?

我有时会针对完全不相关的人兑换愤怒吗?

在那之后,我感觉如何?我会感到轻松,还是会产生后续问题?

在收集愤怒的过程中,我会悄悄期望"你会看到……"吗?

或者,相比"愤怒邮票",我更愿意收集"悲伤邮票"?

有时,我也能够通过说出及发现我的怒气而轻松化解所积攒的愤怒吗?

当别人因为我而积攒怒气时,我能发现吗?

愤怒的幻想和怨恨

我们可以通过描绘对愤怒甚至是复仇的想象来尝试摆脱所累积的愤怒。

如果我们无法应付紧张和沮丧,并对它们进行适当处理,就会感觉很难受,便会积累挫败感和怒气。

如果我们不能将这种积攒起来的——甚至可能是长期积压的——愤怒用来解决冲突,那它很容易转化成破坏性行为。

失望或受伤会折磨我们，这样我们就可以理解那些通过报复计划让自己能够有所解脱的人了。我们想象自己对某个不喜欢的人做些什么，完全巧合或不被人发现，我们希望他倒霉，就像我们一样不幸。

这样做虽然并不能真正减轻我们的痛苦，但却会带来一定程度的满足，最重要的是满足我们对正义的需求。如果双方都不好，我们的愤怒和痛苦至少是平衡的。

在这种情况下，重要的是区分纯粹的幻想和实际的行动。

现实中，愤怒的行动通常只会导致冲突升级。我们每天都能在报纸上看到哪里又发生了报复和寻仇事件。

如果我们意识到愤怒的幻想背后的需求，就会明白我们主要在意的是平衡和正义，这样，我们就能够停下来思考一下，什么才能够真正帮助我们应对失望。

也许，我们想暂时允许自己存有小小的报复幻想，因为我们知道，在那之后，我们必须以更有效的方式来处理自己的伤痛。

那么，比起报复幻想，什么是真正对我们有益的更好的方法呢？我们如何能够让自己平静下来，或安慰自己，或让自己得到安慰呢？

当我们有报复幻想时，并不是我们天生"邪恶"。但是，如果我们长时间陷入这种幻想，而不想解决问题，那它就可能在我们的心里扎下根来。

这种情况存在一种危险，它会一次又一次地"跳出来"，并用以前的怒气刺激我们，从而被它控制。

因此，向可以信赖的人或者朋友倾诉我们的这种幻想是非常有帮助的，甚至是必要的。一旦我们把这种想法告诉别人，它的破坏性便消失了。

同时，我们至少可以让愤怒离灵魂稍微远一些，在积极的情况下，这可以让我们潜在的失望获得理解。

重要的是，认识到到底是什么让我们的内心如此愤怒和受影响，并知道真的有人在倾听我们说话。我们感觉到被重视，愤怒的程度和报复的幻想便会减轻一些，这样我们便可以重新思考自己。

在愤怒的幻想中，我们更多会想对方的问题。

现在，我们可以重新关注自己，以及自己的需求。然后，我们可以倾听自己的声音，或者在与亲密的人的谈话中思考现在我们可以为自己的幸福做些什么，我们是否想要继续战斗，还是要放弃一些事情。

如果我们收集了很多怒气，或者经历了很强烈的、意想不到的失望，但我们不想承认，那么愤怒便会死死咬住我们，驻扎在我们的心里。

如果我们不理会它，或者把它推到一边，结果也是一样。它还在那儿。因此，不但我们的情绪会变得阴郁或暴躁，我们的感知也会受到影响。

蒂娜的朋友们非常担心她。

差不多两年来，蒂娜变得越来越疲惫。是的，她经常很尖刻和强硬，不但对别人，对自己也是如此。

蒂娜52岁，和她的丈夫一起生活在一座小镇里。他们有两个孩子。她的儿子大学毕业后在美国找到了一份很有趣的工作，而女儿自出生以来便一直患有严重的视力障碍，所以蒂娜一直要照顾她。蒂娜的丈夫是律师，在法院担任高级职务。

大约三年前，蒂娜的母亲去世了。此前，她患癌症很久了。蒂娜的姐姐把母亲接回了家，直到母亲去世一直是姐姐在照顾她。

其实，蒂娜很高兴，因为她觉得自己照顾残疾的女儿已经很累了，而且她和母亲的关系并不是很好。每次去看望母亲要离开时，她都特别高兴。尽管如此，与母亲告别还是让蒂娜很难过，特别是父亲也已经不在世了，他在蒂娜还在上助理医师培训学校的时候便已经去世了。

开始的时候，蒂娜很为母亲的离世感到悲伤，却也为她终于摆脱了痛苦而高兴。但母亲的遗嘱对蒂娜来说是一个沉重的打击。母亲指定蒂娜的姐姐是唯一继承人，因为她照顾了自己，而蒂娜只得到了法定部分。

蒂娜认为这不公平，因为在照顾母亲期间，姐姐便已经经常从母亲那里得到钱了。对蒂娜来说，整个世界崩塌了。她突然感觉自己完全不被爱。她对姐姐感到气愤，暗自认为她图谋骗取了遗产，并说服母亲写下了一份有利于她的遗嘱。而在葬礼期间，她还感觉姐姐和她很亲近，因此对姐姐心怀感激。事后回想起来,她认为这种亲近是虚伪的。姐姐只是因为她很傻,所以才对她特别友善吗?蒂娜希望她也遭遇这样的不幸。

蒂娜和她的丈夫也谈论过遗产的事。

他试图让她平静下来。毕竟他赚的钱足够多,所以她不需要担心。"关键是我们很好!我们有两个非常棒的孩子,我们彼此相爱。这才是最重要的。"蒂娜感觉从他那里得不到理解。她将对姐姐的愤怒埋藏在心里,越埋越深。她也试着不再那么生气,毕竟一个人不应该对自己的姐妹有那么大的怒气。也许,她并没有做什么,又或许她做了?

蒂娜再也没法儿好好睡觉了。从前的记忆总是浮现在她的脑海中。姐姐真的喜欢她吗?还是一直嫉妒自己这个"小甜心"?

前段时间,和姐姐一起整理母亲遗物时,蒂娜悄悄观察了她。

当她们一起看以前的旧照片时,她非常注意姐姐的言辞。而从姐姐的言语中,她听到了否定:"你总是想当特别的那一个!""你总是问妈妈,我们两个她更爱谁!"有时候,蒂娜也无法分辨是自己不喜欢姐姐,还是姐姐不喜欢她。

她感觉自己和姐姐之间的隔阂越来越大。她没有勇气和姐姐谈有关遗嘱的事，她的怨恨太深，她担心自己会说出什么出格的话或者忍不住会哭。她不想在姐姐面前那样。

蒂娜的丈夫并不能理解她的这些心理变化。是的，蒂娜看起来和他一样，认为她的姐姐应该获得那份遗产。而从始至终，蒂娜感觉自己不被看到，不被理解。她也有罪恶感，因为她不愿意看到姐姐继承遗产。蒂娜感觉自己被母亲、姐姐、丈夫和命运所抛弃。"你们怎么可以这样对我。尽管我总是为所有人做所有事，但也许我错了。"

自母亲去世以来，蒂娜逐渐开始习惯喝酒。她喝得越来越多，已经超出了健康范围。而第二天，她的内心又很难受。她责备自己，因为自己无法让整件事平静下去。

她的朋友们想让她重新振作起来，恢复平静。但是她们很难理解为什么蒂娜不和她的姐姐把这件事好好谈一谈。

她的朋友们还注意到，比起以前，蒂娜越来越喜欢和别人比较，并且愿意嫉妒："好吧，X太太买了一辆非常棒的新跑车，很可能她继承了一大笔遗产。"

在这期间,蒂娜的一位朋友也疏远了她,因为她不想再听蒂娜对整件事无休止的抱怨。她认为蒂娜就是个十足的怨妇,总是喜欢挖苦别人。

为了减轻内心的压力,蒂娜开始慢跑。先是一周两次,后来是每天。

慢跑之后,她感觉精疲力竭,她已经没有力气再继续生气了。

在这期间,她将与姐姐的接触降至最低,拒绝了姐姐所有聊天的提议。

回顾自己的一生,蒂娜发现她关注的都是负面的经历。对于现在的生活,她也不满意,而且,她并不期望未来会更好。"有些人就那样戴着面具生活,我现在就是这样。"

在她的抱怨中,她的婚姻也越来越难。某一天,她的丈夫跟她谈了她的消极变化以及他因此产生的难处。同时,她剩下的两位朋友也和她认真谈过,并建议她去进行心理治疗。

对于所有局外人来说,很明显,蒂娜无法面对母亲的去世以及在遗产方面对她的冷落,并对此感到越来越痛苦。

蒂娜非常害怕失去她的丈夫和朋友们,所以接受了他们的建议——她为自己找了一位治疗师。治疗师必须是男性,而不能是女性。

在治疗中,蒂娜找到了一位有耐心的支持者,帮助她重新感觉到自己隐藏在抱怨下的被压抑的痛苦感觉。

她学会了面对悲伤,接受自己,并承认自己的愤怒,不仅对姐姐,也对已故的母亲。逐渐地,她可以摆脱困境,让自己得到安慰。现在,她又能够感受到丈夫的关心了。蒂娜在多大程度上能够重新和她的姐姐建立联系还有待观察。

在这个例子中,我们看到了不被承认和处理的痛苦以及由此产生的愤怒是如何折磨我们的。

对世界、对不公、对其他人的恶劣行为不断哀叹和抱怨会填满一个人,并使自己处于受害者的角色。

这种指责性的抱怨当然也会使我们得到一点儿关注,但通常无法得到真正的解决方案。因为哀叹和抱怨会使我们将解决问题的责任推出去,推给环境或其他人。

我们会在不知不觉中继续收集"愤怒邮票"。这会导致我们的感知出现变化,积极因素被隐藏或曲解,经常会存在一种期待的愤怒，也就是幻想某事又再次变得糟糕或者非常令人恼火。例如，蒂娜一想到要和姐姐见面便会很生气。

为了不去感受自己的痛苦和愤怒，有些人选择的出路是对外界和自己的内心都变得尖刻，喜欢冷嘲热讽。这种冷嘲热讽可以使人与自己的内心保持较远的距离，不必完全感受自己。这可能会造成"愤懑障碍"。

你一定听说过"恐惧会吞噬灵魂"的说法，而未被处理的愤怒亦是如此。

这种在痛苦中挣扎的人需要的是一个充满爱的环境。由于亲人通常对此感到不知所措，所以这时选择咨询和治疗会特别有帮助。虽然心里想要逃离隐藏的伤痛，但还是应该仔细了解一下自己的痛苦。通常，逃跑只会使痛苦被埋藏到灵魂的更深处。

人们将自己视为环境或其他人的受害者，会出现一种受害者典型的"习得性无助"。

在这种习得性无助的状态下，人们相信自己无法掌控自己的生活，假定无法对自己的生活或其中一部分产生积极影响。

"受害者角色"指的是一个人感觉自己弱小、无助、无知和虚弱,同时隐藏或否定自己解决问题的能力。

然后,"受害者"会希望其他人可以帮助他,替他解决问题。

他大声或者安静地求助,试图找到一个帮手或"拯救者"。而乐于扮演拯救者的人通常会在还未被要求的情况下便匆忙提供帮助。

他们特别喜欢给人建议,因为他们相信自己知道的更多。而这样做会让"受害者"一直保持不成熟、弱小的状态。

受害者和拯救者是"戏剧三角形"中的两个角色。这种典型的沟通分析方案描绘了尝试解决问题过程中涉及的三种典型角色,由此可以产生一出或小或大的关系戏剧。

受害者和拯救者的角色可以很好地相互补充——一个弱者和一个强者。

但是,人与人之间的关系并不是一成不变,而是会发生变化的。在某个时刻,受害者可能不想再扮演受害者了,他可能会说"是你让我一直这么弱小"或者"你也不能帮到我"。同样,拯救者也可能感到沮丧,并且不想再继续提供帮助,比如"总是什么都要我管""你根本不想接受帮助"或者"看看有些人是多么忘恩负义——我那么支持你，可是现在……"

不论是受害者还是拯救者，都可能会转换成戏剧三角形中的第三个角色：指责者或迫害者。

迫害者角色的典型言论有"看看你都做了些什么""你永远做不好"或者"我还要跟你说多少遍"。

就像在一出戏剧中一样，参与者可能在三个角色之间来回转换。除了其他情绪之外，这出戏剧中一定会涉及愤怒。三个角色都没有合适的解决方案，因为他们都在以操控的方式让别人满足自己的需求。

● **反思问题**

我熟悉受害者和拯救者的角色吗？我特别喜欢扮演哪种角色？

我认为迫害者的角色很强大吗？

我熟悉报复幻想吗？

我有时也会享受这种感觉，以便让自己的内心得到满足吗？

在遭受不公正待遇时，我可以安抚自己或者让自己接受安慰，而不是让问题逐步升级吗？

我可以放下我的报复幻想并用精力去解决冲突吗？

我们能够清楚、直接地表达需求吗？

生气和内疚感

我们常常根本不清楚自己的需求是什么。

女性在她们的社会化角色中学会了观察家庭成员的需求。幼儿的母亲非常了解如何在孩子需要的时候"随叫随到",对伴侣也常常处于这种持续"待命"的状态。

而这种状态会使她们更难真正满足自己的需求,甚至很难感知到它们。

总有事情发生，总有人需要她做些什么。

通常，她们完全没有机会思考自己真正想要做什么，也从来没有空闲的时间。而需求往往也被推迟到"孩子们睡着之后"、周末或假期，甚至到孩子们长大之后。

但是，孩子们什么时候才足够大？十岁，十五岁，二十岁，还是三十岁？

有时候，她们感觉最好不要有自己的愿望，以免还要感受无法达成愿望的失望。而不去感知，特别是不去满足自己的需求，并不能避免由于照顾亲人而造成的日益增加的负担和疲惫，相反，这往往会导致压力以及潜意识的烦恼。

对日常琐事的唠叨、抱怨，可能意味着存在不被允许的怒气。

和其他受害者一起抱怨在短时间内可以起到缓解作用，但并不能解决本质问题。

两个牢骚满腹的母亲甚至可以在抱怨中相互给予力量，因为她们可以通过这种方式证明自己有多么重要。

"关心是一种糖果，它使我们沉醉于旧式的女性形象中，关心也总是与牺牲相关——关心别人的人在道德上处于高高在上的位置。"因此，女性就这样被困在戏剧三角形中：她们照顾别人，帮助别人，但一段时间之后，她们会感到精疲力竭，然后会感觉自己是家庭中的受害者。

她们又经常转换成迫害者，这通常针对想要太多的孩子以及想要太多，但自己做得太少的伴侣。

让每个人都快乐的模式使女性一再陷入反复出现的问题中。这是一种典型的女性机制吗？

当然，这并不是天生的，而是一种经过长时间发展的社会现象。在这样的情况下，女性发展为负责服务、照顾、维系所有关系的角色。

除了女权运动不能完全消除的对陈旧女性角色的偏见之外，最重要的是其背后对和谐需求的推动力。

和谐要求与他人和谐相处，产生需求和情感共鸣，而其结果却是忽视自我实现、个性化，因为它们可能会给人际关系带来距离。

如果女人感觉自己吃亏了，就会很生气，这会拉远她们和伴侣之间的距离。

但是，当女人悲伤、受伤和流泪时，她们会希望获得同情，重新建立起和谐的关系。

困境是：当我们不满意时，如何恢复亲密关系和和谐？通过愤怒，哭泣，还是放弃？

"对失去的恐惧是一种强大的力量，驱使我们接受过去的角色……**如果我们听话，就会被爱，不会被抛弃！**"如果我们开始改变，表现的与以前的愤怒模式不同，就必须考虑到可能会受到别人的阻拦。他们会试图让我们留在之前一直参与其中的戏剧中。我们将面对检验，我们是否真的要做出改变。

我们必须忍受不确定、焦虑以及在一些情况下产生的内疚感。这些可能是这种变化过程中正常、暂时的副作用。顺便说一下，男人也熟悉这种"取悦别人"的模式，他们很难表达自己的需求，更不用说满足自己的需求了。

在沟通分析中，遵循"取悦别人"或者"始终保持坚强"的行为模式被称为"驱动因素"。

生活中存在很多这样的驱动因素。内心的声音告诉我们，在困难的情况下，我们应该如何表现才能被接受，也就是说，我们能够保持"我很好"的状态。

最开始，这可能是家长的指令。如果只有当别人高兴了，我们始终保持坚强或者完美了，我们才会感觉自己"很好"并被接受，那么驱动因素便会妨碍我们的自由发展并导致我们不自觉地去适应别人。

此外，这样也会妨碍我们了解自己的需求和本质。

在愤怒的背景下，"取悦别人"这个驱动因素扮演着重要的角色，它会阻止我们感受到自己的需求和痛苦极限，使我们即使借助愤怒也无法关注自己。

我们很难在让某人高兴的同时又朝他发火，这会使我们处于一种非常矛盾的状态，让我们感到不适。

莉亚经营着一家小型美容院，今年27岁，和乔纳斯刚刚结婚。乔纳斯也在工作，但想在不久的将来完成第二学位。所以，两个人想迟些再要孩子。乔纳斯希望先积累一些工作经验，并为他理想的职业发展做好准备。他们住的公寓很小，所以他们还想先攒钱买个大点儿的房子。莉亚希望最好能买一栋小别墅，但是，她赚的不多，也不希望乔纳斯因此而过多地忙于工作，以免他们没有在一起的时间，所以她在生活上比较节俭。

她感觉很幸福，她和乔纳斯非常恩爱，这对她来说是最重要的。她也很高兴，他们两个人有相同的兴趣，这是她在交友网站上择偶时非常重要的一个标准。实际上，她正是通过这样的择偶标准找到了乔纳斯，然后两个人坠入了爱河。

莉亚之前的恋情都没有持续很长时间。尽管她一直努力取悦她的伴侣，但他们的争吵却越来越多。每次都是相处一两年之后，他们便会分手。那些男人离开了，而莉亚一直不明白为什么。她不想再经历类似的事情，所以，她非常努力地使自己和乔纳斯之间一切都相处融洽。他说，他对她很满意，而她对他也很好。虽然她知道，直到他准备好还要等上一段时间，但她认为他将会是一位好父亲。

看着她的朋友怀孕了，莉亚既好奇又有些羡慕，她也期待有自己的孩子，而乔纳斯对此兴趣不大。除了工作以外，他还参加了西班牙语课程，因为他计划代表公司去南美几个月，甚至一年。他说，这对他的事业发展极为重要。

莉亚有些失望，但她什么也没说，因为她不想阻碍乔纳斯。她也知道，他是因为前女友总是很挑剔所以和她分手的。由于莉亚非常害怕他们的关系破裂，所以，她更愿意去适应。

因此，莉亚每天在美容院与顾客保持友好关系，并在那里获得了很多认可。

一段时间以来，她发现街上有很多孕妇。是的，她好像总是会注意到婴儿用品广告和年轻的父母。当她与乔纳斯一起走在街上并和他提起时，他总是很烦躁："你的荷尔蒙太活跃了，我们还有时间。首先我要……"

对乔纳斯的这种反应，莉亚保持沉默。她不想争论或者让乔纳斯感到烦恼，她不想破坏他们之间的关系，毕竟她不想成为单亲妈妈。她和她的妈妈一起已经经历过足够多的痛苦。

莉亚四岁时，父亲离开了母亲，出国三年。

莉亚一直希望父亲能回来。可后来她才从父亲那里得知，他无法再忍受母亲了，因为她为他制定了很多规则，并且只想按照自己的想法来。

小时候，每当父亲对莉亚说她不像她的母亲那样自私时，莉亚都感到非常自豪。莉亚为父亲离开她和母亲感到非常难过，因为她非常爱他。现在，莉亚想起父亲的频率越来越高，并害怕她的丈夫乔纳斯有一天可能会离开她。特别是每当他说他未来去南美的计划时，她都会感到非常害怕。

但是，因为父亲向她保证，他很爱她，这才让莉亚能够平静下来，并希望他永远不会离开她。

莉亚想通过成为一位好妻子来解决这个问题。所以，甚至是生活中很小的愤怒也被她压抑了起来。对她而言，和谐比她自己的需求或者高兴更重要，这就是她几乎从未和乔纳斯谈过她想要个孩子的原因。

莉亚认为，如果那样会极大地打扰他并给他造成压力，这对他的职业梦想来说是一种负担。然后他就会感觉不好，而这就是她的错。她无论如何不想那样。

在莉亚身上，我们可以很明显地看到"取悦别人"的驱动因素。

你内心的声音告诉你，如果你取悦别人，别人就会喜欢你，然后一直留在你身边。过去被抛弃的恐惧以及痛苦的童年经历使莉亚无法认同和表达自己的需求，如果需要，她会放弃自己的愤怒。

为了和谐和安全感，莉亚放弃了一部分个性。这样可能会平静一阵子。但是，在某个时刻，自身被压抑的需求和情感将浮出水面——可能会以身体疾病或压抑愤怒的形式导致抑郁、疲惫。

对于莉亚来说，如果有一天她的丈夫因为无法忍受她的可爱、讨人喜欢和和谐而要与她分开，宁愿与一个有时会和他吵架、争执的女人在一起，那将是她无法理解的事情。

很容易感到内疚的人通常都存在需要释放生气和愤怒的问题。

我们先来看一下，为什么有些人那么容易内疚，即使没有人真的责怪他们或者他们真的做错了什么事。这存在着不同的原因。

在童年时期，有些人没有学会**当他们对父母大发脾气的同时也可以爱他们。**

通常来说，在二至五岁时，孩子会学会承受矛盾情绪的能力，即同时感受喜欢和生气。

这需要他们的父母也持同样的态度，允许孩子朝他们发脾气而不用道理标准去批评他们。如果向一个发脾气的孩子传递类似这样的信息："那么，你不爱妈妈了吗？"这样就没有什么帮助。

能够调节情绪并能承受不同情绪之间产生的压力，这是孩子，也是成人应该拥有的一个重要能力。如果无法做到，情绪便会在可爱和讨厌、喜欢和拒绝之间分裂开。在患有边缘性人格障碍的人身上经常会观察到这种情况，他们要么理想化地看另外一个人，要么贬低他，有时则在这两点之间快速转换。

对于在童年未学会在喜欢一个人的同时也可以朝他发脾气的女性来说，愤怒可能会快速转化为内心的恐惧：如果别人发现我不喜欢他怎么办？那他还会喜欢我吗？在失去的恐惧被激活时，亲密关系似乎受到了威胁。如果发生争吵，我的愤怒将成为我不被爱的罪魁祸首。所以，我宁愿保护性地忍受或完全压抑自己的愤怒。而这样做并非没有代价。"感到内疚的人会被迫或非自愿地进入内心的监牢，而攻击性情绪则会试图从这个监牢中挣脱出去。内疚带有令人窒息的面纱，会侵蚀生命力。"然后，我们可能会变得可爱和听话，但不再有生命力和活力。

我们经常会在家庭中有人生病或者残疾的人身上看到另外一种习得性内疚感的原因。例如，如果母亲或父亲患有身体或精神疾病，那么孩子通常从小便学会了体贴和照顾父母。他也许不能再放肆喧闹、大声说话，更不用说反抗和发脾气了。

内疚感首先是一种内心的紧张感：我怎么能朝爸爸发脾气呢？他病得那么厉害。我怎么能责备妈妈呢？她都哭了。孩子能够非常直观、敏锐地感知到他们父母的心理状态。毕竟他们要完全依赖父母的照顾来满足自己的需求。通常，他们会尽一切努力让父母高兴，因为每个孩子都想要拥有幸福的家庭。这时，孩子会体谅父母，因为他们身体不好，但是这通常会以牺牲他们自己的活力为代价。幸运的是，有些孩子在家庭之外的地方找到了自由的空间，在那里，他们可以发挥自己的活力。

但是，不仅是父母的身体状况会对孩子有影响，还要去考虑生病或残疾的兄弟姐妹也会磨灭一个孩子的活力和生气的情绪。孩子知道，他必须降低自己的要求。更严重的是，他们知道自己不应该对残疾的兄弟姐妹发脾气，因为那个可怜的孩子对此做不了任何事情。

索菲娅今年26岁，和她的朋友劳拉在一个合租公寓已经住了两年。上大学时，这两个姑娘就认识了。索菲娅在律师事务所工作，而劳拉目前在有机市场工作。因为劳拉没有通过毕业考试，便退学了，她没有兴趣再继续上学。劳拉患有偏头痛，而在她学习期间，病情更严重了，因此，她常常觉得自己无法学习。她还会经常感到沮丧，头疼的时候，有时就躺在昏暗的房间里待上好几天。她通常无法忍受噪音，尤其是在头痛的日子里。索菲娅很照顾劳拉。但最近，劳拉经常让索菲娅感到很恼火，因为她最近经常不参与她们一起的日常活动和家务。可劳拉一哭，索菲娅就心软了，只好忍着不发火，毕竟劳拉也拿自己的头痛没办法啊。索菲娅看到劳拉遭受了多少痛苦，她大学没读完，根本不知道接下来该怎么办。对此，她也感到很沮丧。所以，索菲娅承担了更多的家务，也为她们一起的生活投入了更多的钱。但这使她越来越烦躁。同时，她又对劳拉感到内疚，因为她自己的身体很健康，有一份很好的工作，而且做得很成功。她知道自己想要什么，为了自己的目标不断努力。

随着时间的流逝，索菲娅对劳拉越来越生气，因为劳拉什么都指望她。有时，她会想搬出去，自己住一间公寓，可以随心所欲地大声说话，她还喜欢伴着音乐跳舞。但是，这种想法会再次让她感到内疚，因为她不能就这样离开可怜的劳拉。

在这期间，索菲娅发现自己越来越退缩。她将自己的这种矛盾情绪讲给一位信得过的同事听。她听后感到很惊讶，因为索菲娅从来没有直接和劳拉谈过这个问题。索菲娅对同事讲述了出于内疚，她是怎样一直迁就她的朋友的。在她和同事聊天的过程中，她不断地重复："但是，她没有办法啊，她病得那么厉害。""是的"，她的同事反驳到，"但你为什么不能对她说说你的感觉，你需要什么，或者你在烦恼什么呢？"

索菲娅发现，当她想对劳拉发火时，她的内疚感有多么强烈。她发现，那是一种非常熟悉且久远的感觉。她开始向她的同事讲述之前的故事，讲她的父母，讲她一出生便身患残疾的姐姐。

在谈话中，索菲娅意识到，她积累已久的内疚感使她很难察觉到她对劳拉的怒气。从理智上，她可以理解自己对劳拉的愤怒通常是合理的，但是想要和劳拉谈谈的想法却又会让她感到不适。这是一种典型的内疚型人格。虽然理智告诉他们，他们的愤怒是有道理的，但是在情感上，他们又觉得自己不可以这样做。因此，索菲娅难以对她的朋友劳拉开诚布公地说出她的愤怒。如果她这样做，她可以获得更多的信心，相信这样做是可以的，甚至可以加深她们之间的友谊。

● **反思问题**

我是否熟悉这样的想法："和我身边的人相比，我的需求不重要？"

我有多愿意取悦别人，并且压抑自己的需求？

对我来说，别人的赞同和认可比我自己的意见或需求更重要吗？

我是否感觉到，自己会通过别人的表情来判断自己是否让别人高兴了吗？

当我的意见与身边的人不同时，我是否会感到不适？

我是否很容易为了追求和谐放弃自己的需求？

当我想要别人做什么的时候，我会感到不舒服吗？

当我把自己的需求放在第一位时，是否经常会感觉自己给别人造成了压力？

如果我想保持距离或说"不"时，是否会感到内疚？

对别人发火，甚至明确表达愤怒，是否会让我感觉不好或者内疚？

胃疼替代发怒:将怒气埋藏在身体中

梅兰妮说,她不记得自己童年时曾发过脾气,青春期也是如此。

她从不和父母争吵,从不大声说话或者明显地情绪化。虽然她经常感到沮丧和悲伤,但却总以大方、可爱的年轻女孩儿形象出现在大家面前。

回想起来,梅兰妮发现,当时,她并没有感觉到自己的孤独和悲伤背后可能隐藏着失望和生气。

她并没有感觉到自己有这样的情绪。在她内心经常性地退缩过程中,她虽然感到悲伤,但还在与自己和谐相处。

这些情绪让她有在家感觉。

在离开家上大学之后,梅兰妮变得越来越善于交际,很容易结交朋友。

她坠入爱河,不久就和男朋友住在了一起。两个人一起幸福地生活了几年。争吵很少发生,即使有,时间也很短,大多数也都是因为一些生活琐事。

四年后,梅兰妮和男朋友分手了。

梅兰妮至今也不知道自己为什么要这样做。他们看起来非常和谐,但不知怎么的,他们的感情越来越疏远,两个人之间有了距离,这是她当时唯一的感觉。

但她无法找到原因。

她对他有什么不满意?她对他感到生气和愤怒?

梅兰妮想不起来。她当时经常会胃疼,后来逐渐发展成了慢性胃炎,但这并不是饮食不良造成的。

她对亲密关系几乎一无所知，只是当时她很难感受到自己，但是她会感觉胃痛，这让她感到非常难受和不适。

幸运的是，梅兰妮有一位善解人意又细心的内科医生，他发现了她身体痛苦背后的精神困扰，并给她介绍了一位心理治疗师。

一开始，梅兰妮虽然有些犹豫，但最后她还是去找了那位拥有一颗母亲般温暖的心的年长女士。

但是，梅兰妮感到惊讶，开始的时候还觉得讨厌，因为治疗师总是反复问她，在她所讲述的情景中，她是否从来没有对男朋友生气或发火过。

梅兰妮都否认了。

当治疗师告诉她，她其实觉得这些情况和行为很烦人并且有足够的理由生气时，她感到震惊。

那时，梅兰妮觉得治疗师也太过情绪化和"喜怒无常"了。但是，由于治疗师很善解人意，梅兰妮一直坚持治疗并愿意尝试接受。

渐渐地，她意识到**她的生气和愤怒让自己产生了太多恐惧，让她不允许自己感受这些情绪。**

不知什么时候,她明白了治疗师是让她通过自己的反应允许自己感受到愤怒的情绪。

梅兰妮意识到,在她的家里,愤怒是一个很大的禁忌,这大概就是她一直在寻找一个像她一样温和的男朋友的原因。

但是,在恋爱关系中,很多事情并不像想象的那么顺利,就像她和自己以及他人之间的真实关系一样。

在治疗期间,梅兰妮的胃痛好像不治而愈了。

现在,她不用再忍气吞声了,至少在治疗师这里是这样。

而且,在她不仅仅是在某些具体的情况下才能感知到自己的愤怒,而是也能够适时地表达出自己的愤怒。而将其用于冲突发生之前,她还有一段很长的路要走。

她还不得不忍受很多不安全感和恐惧,因为她非常害怕自己不再被喜欢。

而这里一直存在一个问题:她喜欢自己的这些特点吗?

现在,梅兰妮可以说,她可以很大程度地接受自己,包括愤怒时的自己。

她知道了自己的身体会很清楚地感受到不被允许的愤怒并使她产生相应的感觉。

特别是长期持续的生气和愤怒，将其作为一种情绪状态会影响身体的能量平衡。

与愤怒相关的能量受到抑制时，如果为了使其不再"扰乱"意识而排斥它，那么这种压抑过程会对精神能量造成额外消耗。所以，我们可以把那些不受欢迎的情绪"藏起来"，但这样做会使我们的身体和精神状况变得虚弱。在身体紧张的情况下，很容易发现这种机制。

头痛、颈部和背部紧张、胃肠问题，以及高血压和耳鸣都是抑制愤怒造成的常见的身心反应。但这不能否定在某些情况下也存在身体原因和诱因。

当然，身体也会对精神状态产生影响。所以，患有经前综合征的女性通常不仅会爱哭和沮丧，而且会比平时更容易被激怒和生气。

此外，通过咬指甲、扯头发、无节制地挤痘痘、抓挠皮肤和磨牙，都可以明显看出其本人在压抑愤怒。嘴角抿起，下颚收紧，也是压抑愤怒的明显标志。其间包含大量的紧张情绪，以可以控制住愤怒的能量。当然，受影响的人并不总会意识到这一点。

我们还可以将饮食障碍与压抑的愤怒联系起来。

很多女性不仅在悲伤和孤单的时候会用食物来安慰自己，在生气的时候也会通过吃东西让自己平静下来。

食物可以缓解胃部的紧张感，而拒绝进食也可以帮助控制情绪。酒精和镇静剂不仅可以缓解焦虑，还可以抑制不安和愤怒。在生气之后，我们经常会听到这样的话："我现在需要一杯啤酒或烧酒！"

精神压力会激活神经纤维并导致精神免疫反应，比如在皮肤上的表现。在《皮肤的语言》一书中，皮肤病专家及身心医学教授乌韦·盖勒描述了皮肤的生理反应，以及与心理问题之间的联系。

皮肤会变得更加敏感，比如会发痒。抓挠皮肤会引发进一步的生理反应。我们越挠，皮肤的反应就越强烈，如此一来，镇静作用便不会持续很长时间。

瘙痒和抓挠会变成独立的问题，然后真的对皮肤造成损伤。

还可能会出现荨麻疹和湿疹，尤其是在手和手臂上。

如果攻击性一直被压抑，不允许发泄，那么它就无法得到适当地排解。我们就如同一直处于暴风雨中一样。

一段时间以来，佩特拉的手长了湿疹，总是很痒。有时，她的肘部和腋窝也会出。有很长一段时间，她都试图使用护理霜来防止。尽管她知道这样不好，但她痒得厉害，所以总是挠。

佩特拉认为，很可能，她的皮肤问题是遗传性的。以前，她的母亲就很容易出湿疹并经常会挠出血。经常是皮肤刚刚结痂，便又被佩特拉抓破了。虽然很痛苦，但是抓挠也会产生一定的快感。她为这种感觉感到羞愧。一段时间以来，她都会把自己的手藏起来，因为她对它们的样子感到尴尬。当她的丈夫想要牵她的手或者看她的手时，她都不愿意，她更喜欢在黑暗中抚摸它们。只有在接触他们的小宝宝时，佩特拉才不会感到羞耻，因为小家伙还不知道她的手怎么了。

佩特拉的婆婆和他们住在一起，婆婆帮她承担了越来越多的家务，洗衣、打扫，以便她的手能得到休息。但是佩特拉更喜欢自己独自照顾宝宝。而且在照顾宝宝时，她不喜欢婆婆在身边。她的皮肤科医生给她开了一些含皮质酮的药膏，这能够帮她缓解一些问题。但是湿疹的强烈瘙痒还是在不断困扰着她。有时候她会感觉全身都痒，这时她会变得非常烦躁。她的皮肤让她感到非常不适。让她欣慰的是，到目前为止，她小儿子的皮肤一直很健康。

在孩子出生前，佩特拉就停止了工作。她辞去了在一家化妆品研究所的工作，她可以选择以后再回去工作。她想先完全专注于她的孩子，如果由她决定，她还想要更多的孩子。

佩特拉目前已经快 40 岁了。在 33 岁时，她遇到了现在的丈夫马蒂亚斯，并与他在三年后结了婚。婚礼结束后，她从自己的小公寓搬出来和丈夫住在一起。他住在母亲的大房子里，他兄弟一家人也住在这里。当佩特拉和马蒂亚斯表示想要孩子的时候，他们换了房间。母亲搬到了阁楼上马蒂亚斯的小套间，马蒂亚斯和佩特拉则搬到一楼带花园的大套间。佩特拉很高兴终于有了一个花园，她想象着她可以在那里为她的孩子准备秋千和沙坑，那是多么美好啊。她自己买不起这么漂亮的公寓，她非常感谢婆婆让这一切成为现实。

佩特拉当时不知道的是，她的婆婆会强迫佩特拉接受这种慷慨，而婆婆不仅希望得到感谢，还期待得到回报。当然，她从来没有说过，但是佩特拉觉得婆婆总需要自己考虑和迁就她。比如，当她的婆婆拿着采购回来的东西大声叹着气走过楼梯间时，佩特拉就会感到内疚，急忙出去帮助她。另一方面，她的婆婆也提供了很多帮助，让患湿疹的佩特拉可以生活得更轻松些。她们好像在互相竞争，看谁需要更多的帮助。

现在，佩特拉开始避开婆婆。虽然婆婆确实帮了很大的忙，但婆婆在家务上的帮助却让她感到很不舒服。婆婆也一再强调，如果佩特拉没有时间或者想要轻松一点儿，她非常愿意帮忙和照顾她的孙子。

佩特拉不喜欢婆婆经常出现在她的厨房，但她却一直没说。毕竟，她必须感谢婆婆的帮助。她的丈夫也一再强调，他们住在这栋美丽的房子里以及得到他母亲这么多的帮助是多么幸福的事。

一天晚上，当马蒂亚斯说佩特拉的手被抓得多糟糕时，她崩溃了。

从那一刻开始，瘙痒变得难以忍受。佩特拉逃到卧室，她在那里不断抓挠皮肤直到流血为止。为此，她非常讨厌自己。第二天，她去看了皮肤科医生，因为她觉得这种情况不能继续下去。

医生问佩特拉平日的情况如何。佩特拉突然流下了眼泪，这让她自己都吓了一跳。

然后，医生对佩特拉目前的情况和她进行了更详细的讨论。她询问佩特拉从什么时候开始出现皮肤问题，那是她搬进丈夫家后不久。佩特拉和马蒂亚斯相处得很好，但是正如她现在所承认的那样，她对婆婆的态度非常矛盾。皮肤科医生建议佩特拉与丈夫谈谈自己的问题。

佩特拉做了几次尝试，但总被一些事情给打断。有时是小宝宝哭了，有时是马蒂亚斯太累了，有时是电视上正在播放他特别想看的体育节目。她抓挠皮肤的情况变得更糟了。佩特拉再次去看皮肤科医生时，医生建议她去心理治疗师那里接受治疗，因为此类皮肤问题背后通常存在心理困扰。佩特拉接受了医生的建议。心理治疗师很理解她的处境，她可以说出心里所有的苦，她流了很多眼泪。就这样，抓挠皮肤的情况暂时有所改善，但并没有消失。

佩特拉很难让自己感受隐藏在她痛苦背后的那份对婆婆的

愤怒。这会让她产生强烈的内疚感。

在治疗师的支持下,她逐渐承认了自己的愤怒。很明显,佩特拉不仅对婆婆感到生气,对丈夫也很生气。她觉得自己被他抛弃了,因为他总是站在他母亲那一边,希望佩特拉息事宁人。

在治疗过程中,佩特拉明白了感激某人并不意味着不可以对这个人生气。对她来说,这是一个新奇的想法,这让她感到轻松了很多。一天晚上,她梦到婆婆从梯子上掉下来摔断了胳膊。佩特拉满身大汗地惊醒,然后又开始使劲儿抓挠皮肤。

她希望婆婆发生这样的事吗?

她又再次感到内疚,但她又不得不笑出来:很显然,在梦里,摔断胳膊的婆婆不能再帮她做家务了。

她对治疗师详细说了她的梦、想法以及感觉。她意识到,自己非常需要和婆婆拉开距离并和她达成明确的协议。为此,她准备了一段时间并鼓起勇气和婆婆谈谈。她想在丈夫不在的时候和婆婆谈。这次谈话让她心跳加速,毕竟,她希望与婆婆保持良好的关系。这个动机给了佩特拉力量。

婆婆对佩特拉的感觉和愿望感到非常吃惊,但也很高兴。

一直以来萦绕在家里的压抑气氛解除了。佩特拉的瘙痒症在几天内便消退了，两周后，湿疹也几乎消失了。现在，佩特拉特别爱护受损的皮肤。

她问自己：我对某物或某人生气吗？我到底想要什么？为此我可以做什么？她学会了不再压抑自己的愤怒并认真对待自己。

不被允许或未经处理的愤怒可能通过各种不同的方式积压在身体里，并以身心不适的形式表现出来。这是我们身体智慧的一部分，这样的方式为我们提供关心自己的线索。当然，前提是我们要认真聆听它的声音，并准备好去理解身体的语言。

● 反思问题

我的身体感觉如何？我的身体上是否有我完全陌生的地方？

我是否有好好聆听身体的声音？我是否认真对待了它给我发出的信号并好好照顾自己？

我身体的某些部分是否经常会感觉不适而又没有明确的医学原因？

我是否在身体里积压了很多怒气，而没有将它们表达出来？

我身体的弱点是什么？也就是说，我的身体通常会对紧张和内在压力做出什么样的反应？

我的身体对愤怒是否有明确的反应模式？

当我咬牙时，我在懊悔什么？

当我气得要命时，是什么让我如此激动？

我压抑了哪些愤怒，以致用酒精、香烟或者食物使自己平静下来？

哪些情况下，我最容易扯自己的脸、头发、甲周倒刺或者咬指甲？如果我敢，我最想要扯什么？我到底在对谁或者对什么生气？

有时，我无法入睡，是因为晚上躺在床上还在对白天发生的事情生气吗？

太生气了

有些女性被这样的情况折磨着,她们经常被强烈的怒气淹没,难以自拔。

有的时候,问题根本不是她们有多生气,而是由此所产生的结果、环境对她们怒气的反应给她们造成了很大困扰。她们去感受自己如何得罪了别人,别人又如何回避或者反击,如果对方也以满腔的怒气进行回击,冲突便可能升级。然后,大家互相攻击,没有人愿意认输。

有时候，这样的争吵还可能引发身体冲突。但积压的怒气耗尽之后，问题仍没有得到解决。"**人在非常生气的时候，做事很少会有成效。**"维蕾娜·卡斯特在她关于愤怒的意义的书中写道。

发火之后，女性经常会产生内疚感，对发生的事情感到羞愧和遗憾。她们往往对向别人大喊大叫或者伤害了对方感到很抱歉。

在家庭中，女性使用身体暴力的概率要低于男性，有关家庭暴力的统计数据证明了这一点。如果愤怒促使女性使用暴力，那么遭受暴力的很可能是孩子。

但是，专家们猜测，在女性使用家庭暴力方面，还有大量未见于官方统计的数字。如今，遭受家庭暴力的女性更容易获得保护和帮助，例如，有很多妇女咨询中心以及妇女庇护所。而对男性来说便困难很多，因为承认自己的妻子对他进行了身体虐待，这对男性来说是极大的耻辱，这通常会阻止遭受家庭暴力的男性公开这一点。

愤怒的爆发通常是自发和冲动的，一个很小的诱因便足以触发愤怒。

日常生活中，如果压力过大，疲劳过度，便会增加爆发愤怒的可能性。而人们通常都避讳谈论这样的爆发，认为最好不要谈论这个话题，那太让人难堪了。虽然道歉能带来一些安慰，但通常不会持续太久。

脾气爆发的程度通常与触发怒气的事情不相符。而发脾气也没有什么具体目的，只是能够缓解内心的压力。当怒气爆发时，任何想要遏制它的尝试都没什么用，即使有，也只是暂时的。发怒的人通常会让他身边的亲人持续处于紧张的状态。"受害者"会小心翼翼，尽量不触碰到对方怒气。因此，他们会尽可能别太大声、不要想做太多事情、不要惹人生气。有时，"受害者"也会受到指责："如果你不那样，我就不会因为你而如此生气！"

但是，**发怒的人应该对自己的愤怒负责。**它通常是由未解决的冲突、压力以及缺乏对自己愤怒的深入了解造成的。这些从根本上未被解决的问题通常与**误解、积累的失望、孤独、无助，有时甚至是绝望**相关。

脾气暴躁的人通常有一个脾气暴躁的父亲或母亲。但**脾气**

暴躁并不是遗传来的，而是习得的。可以说，这是一种"社会性遗传"，因为一个和脾气暴躁的父母生活在一起的小孩儿无法学会如何建设性、合适地处理愤怒以及如何在"爆发"之前不去长时间地压抑所有愤怒。

对于孩子来说，父母大发脾气是非常可怕的事情。他们无法理解父母发脾气的具体原因，也不明白他们发脾气的心理机制，而且还会把他们的怒气与自己联系在一起。

也就是说，他们会因为父母发脾气而自责。如果他们之后还听到"你不应该惹妈妈生气"，或者"你总是……让我忍无可忍"的话，便会加深他们的内疚感。

因为这样的方式，孩子们学会了忍受。于是，他们压抑了自己的愤怒，安静、听话以避免使自己承受来自父母的愤怒。

而这些压抑的愤怒去哪儿了呢？

此外，**孩子们还会将父母对他们说的具有破坏性的贬低性语言记在心里。**

一个被父母贬低的小孩儿，长大后也会贬低自己，认为自己不够好。这将成为恶性循环的开始。极度自卑的感觉一方面可能导致抑郁，另一方面可能导致暴力，而且会增强受害者和施害者的角色作用。

但是，因此愤怒便是坏东西吗？

愤怒和暴力行为是社会层面的症状，但是这样的行为都有源可溯。

事实为我们提供了一个关键性的选择：我是否想在道德或者生存层面上面对这个问题？

当某人将生气和愤怒转化为攻击和暴力行为时，是无法被容忍的。但是，非常重要的是，**我们谴责的是这样的行为，而不能由于其失控的愤怒否定整个人。**

同样重要的是，要了解其愤怒背后存在怎样的困境。只有看到并解决了这些问题，才能长久地平息愤怒。但是，这需要时间，通常还需要治疗支持。

有时，女性也会继承上几代女性因为饥饿、战争、歧视和暴力而积累的但又没有机会摆脱的愤怒。

在女性解放运动中，我们发现，许多女性的潜在愤怒都源自她们上几代女性所积累的愤怒。一方面，女性是社会政治必要变革的重要力量；另一方面，女性却有可能会陷入古老的愤怒中，尤其是对男性的愤怒阻碍了她们追求生活的乐趣和满足感的热情。

在这方面，心理咨询和心理治疗可以帮助我们摆脱这些陈旧的负担。

● **反思问题**

在自己过度愤怒和突然发怒时，我是否能够发现？

哪些场合或人特别容易使我出现这样的情况？

我是否能够预感或感觉到背后隐藏的问题和失望？

我继承了父母和祖辈未发泄的愤怒吗？

在女性对男性的愤怒方面，我有多大感触？

我能够感知到自己是否或者可能存在哪些暴力潜力吗？

我是否有办法及时识别出自己的破坏性并使自己和他人免受其害？

发怒是职场女性管理者的禁忌吗

职场是我们经常积累怒火和愤怒的地方。

因为总是存在压力、超负荷和不公平，同事之间并不总是很好相处，我们自己对别人来说亦是如此。有些人就是合不来，相互之间也要一些典型的"小把戏"。

沟通分析师兼教练乌尔里希·德纳在《办公室日常游戏》一书中对此进行了描述。"小把戏"或"游戏"是指冲突性的行为和关系模式，其中隐藏了很多愤怒，它可能会在未解决冲突的情况下间接或公开地表现出来，但事后会让人感到难过、失望和恼火。

"典型的，又是这样！"这样的行为游戏存在于两人或多人之间，他们之间进行了一系列互动，在完全没有意识的情况下，挑衅或控制了其他人。这样的游戏存在于受害者、拯救者或迫害者之间。

在说明"戏剧三角形"的概念时，我们便提到过这种相互作用模式。

比如，作为受害者角色，一名员工总是显得束手无策，不知道如何处理好自己的工作（尽管她有能力做到）。因此，她便会试图让其他人帮助她。如果现在有人愿意向她提供帮助，那么，当她有麻烦的时候，受害者和拯救者就会自动找到彼此。

这种关系相处模式会持续一段时间，直到两人中的一个，比如拯救者受够了总是要临时帮忙为止。这个人可能会结束这样的游戏，直接生气地说："我现在没兴趣了，你自己想办法吧。"然后会转变为迫害者，补充道："你只是利用我！"

也可能由扮演受害者的人结束游戏，比如说："总是什么都是你对！"或者"我只是要你给些建议，为什么你现在朝我发这么大的脾气？"

在这样的游戏过程中的某一时刻，其中一个人会转变成迫害者或指责者对另一个人发脾气。不论是否有道理，他都会责备对方并贬低他。

这种关系模式的特点是，参与者对此有些熟悉，但是并不真正知道实际上发生了什么，他们会一次又一次地被卷入或编排出这样的游戏。

例如，有人说："我可以按我的想法做，反正老板从来不会对我满意！"而老板反驳道："如果你能足够仔细地完成工作，我一定会满意，但总是差点儿什么！"员工答复道："如果您总是这样否定我、贬低我，那我就没有动力去努力了。"

问题的起点在哪里，到底是谁的"责任"？

这样的言辞听起来很符合游戏模式。其背后无意识的目的是不承担责任，指责他人或确认自己为受害者的角色，从而确定自己的"无辜"，但这种行为模式并不能解决问题。这种游戏模式在同事间会造成很多麻烦，然后他们之间便会产生很多怒气。

值得特别注意的是，当女性在争取或者担任领导职务时，处理自己的怒气是一件特别麻烦的事情。

虽然已经反复讨论并一再证实，女性是更好的领导者，但众所周知，女性领导者，特别是高级管理层的女性领导者仍然很少。已证明，女性更擅长沟通和合作式的领导风格，这种领导方式更有效，但却不符合人们普遍印象中明确、果断的领导标准。这些领导特质仍更多属于男性。尽管清晰和领导力与性别无关，而如果一位女性表现出清晰和果断，她可能会被批评太过"苛刻""冷酷"和"男性化"。

儿童和青少年时期，在男孩儿和女孩儿身上就已经可以观察到不同的领导行为方式了。

女孩儿在女生的小团体中习得的沟通行为表明，女孩儿主要偏重基于共同利益的社区和谐和团结。在这里，想要以小团体的领导者自居显然是不受欢迎的。而在男孩儿的团体中，我们可以更多地观察到争夺领导权的斗争、争取第一名的较量。

因此，我们可以假设这也是早期的社会行为体现，并且会对以后的领导行为产生影响。

如果女性想要获得认可，她们常常会通过精心设计的措辞来包装自己的顾虑，从而间接做到这一点。

在语言上，她们通常会使用虚拟语气："如果你能在下周五之前完成这份报告，那就太棒啦！""如果你……那就太好了！"而不是说："请在下周五之前把这份报告完成！"

女性也会对她们的要求做出很多解释进行说明，并请求理解。

克劳迪娅学的是企业管理，并获得了该专业的博士学位。她今年42岁，已婚，有一个14岁的女儿。她的丈夫就职于一家银行，克劳迪娅在一家大型工程公司工作。她是销售部的副主管，主要负责亚洲地区。她在公司里做到了很高的位置。她雄心勃勃，并且参加了许多高级培训课程，尤其是在瑞士和美国的管理课程。每天早上，她都会参加由她准备和主持的团队会议。但是最近，她压力很大，因为她的一名员工犯了一个严重的错误，这可能会给公司带来六位数的经济损失。克劳迪娅因为没有足够快速地意识到这一点而受到了上级的斥责，她很生气，因为她的员工没有向她澄清问题，以避免错误的发生。

另外，克劳迪娅也很自责，因为自己对员工的工作没有进行充分检查。同时，她又生领导的气，因为他想要把责任都推给她。相应地，她内心的压力很大。

克劳迪娅的血压经常会很高，所以她服用降压药已经有一段时间了。在等待因这件事而举行的危机会议期间，她几个晚上都睡得特别差。她试图借助酒精让自己在晚上感觉到困意，可惜并没有用。自从克劳迪娅担任领导职务以来，她一直承受着巨大的成功和竞争压力。她的男性同事都盯着她，想要看看克劳迪娅在这个艰难的、完全由男性主导的行业中是否真的能够"站得住脚"。

克劳迪娅喜欢进步和独立。她很自豪自己在这个完全没有"女性位置"的领域能够获得一席之地。当然，她也想要证明，在这个行业里，女性和男性一样有能力。此外，她还想要打破人们所认为的女性担任领导职位就要变得"男性化"的印象。这也是她不像其他很多女性高管那样穿裤装，而是故意穿裙子的原因。

为了准备即将举行的危机会议，克劳迪娅去找了她的老师。她寻求老师的建议，以让自己内心强大地去参加会议。她很清楚，她必须保持客观并控制住自己的愤怒，以免丢脸。在她的公司里，决策上的不确定性展现就是管理能力不足的表现，她无论如何不想暴露这个弱点。克劳迪娅知道，如果在会议中，每个人都能坦诚地讨论不确定性并彼此交换意见，将会更有效，但如果她想要成为公司的一员，就要适应公司的惯例。

同时，她还学会了通过呼吸练习很好地控制住自己的压力和愤怒。她很高兴掌握了这个方法。

对于危机会议，克劳迪娅并不是第一次参加。通常每次过后，她都会受到同事们的赞扬，夸赞她如何实际、客观地主持了一次艰难的会议。实际上，只有她自己知道，自己心里的压力有多大。在这样的日子里，她会避免去食堂用餐以及和同事们有其他接触。她了解并知道：每次与人接触都会使她从可控的姿态中跳脱出去，例如谈论上一次度假这样的私人对话。

克劳迪娅的丈夫经常会谨慎地询问她，她的工作是否真是她想要的，在这样的压力下她还能坚持多久。她的家庭医生也和她聊过她的职业压力问题。

克劳迪娅又一次比较成功地处理了最近的危机会议，并尽力降低了错误造成的负面影响。但是，压力依旧还在，她受到了来自"下面"和"上面"的质疑，而她还是一直努力做好自己的工作并客观地解读这些质疑。通过这种方式（并借助她的呼吸练习），她总能设法让自己保持冷静。只是，她还需要考虑她高血压的问题。

高血压，也就是所谓的原发性高血压，可能由不同的原因造成。

但在大多数情况下，患者不仅承受着巨大的压力，身体里还积压了大量的怒气，得不到充分释放，无法减轻压力。所以，在压力下，克劳迪娅通过呼吸练习是否真的能够摆脱压力和愤怒？这很可能只会暂时使她保持冷静和镇定的姿态，以便她能够做出客观和成熟的反应。

但是，呼吸练习更像是一种紧急措施，可以在危急时刻发挥作用，只不过并不能够解决根本问题。这关系到克劳迪娅是否真的想要面对自己的处境，她是否愿意承认自己在工作中一再感受到的对其他人的愤怒。

她需要其他的放松方法，不论是在工作中还是在个人生活中，以减轻被压抑的压力，如果有这样一种方法，在压力下，她的身体便不会再产生高血压的反应。

在职场中，许多女性会感受到格外大的压力，因为她们必须证明自己的能力。毫无疑问，在女性和男性的公平竞争中存在着一道看不见却无疑存在的障碍。人们经常会讨论，这种障碍在多大程度上受公司的组织结构影响或者与任用男性同事和领导有关，或者是否在女性自己的思想中也存在着某种内在限制。

在提到她们的职业成就时，女性往往不仅会归因于她们的能力，也会提到幸运。"很幸运是我得到了这个职位，而不是某先生。"

男性则相反，他们会倾向于认为自己的职业成就完全取决于自己的能力。而且，比起男性，如果女性在工作中犯了错误，也会更容易自责并认为自己能力不足。女性通常也更难真正积极地接受她们在领导岗位上所拥有的权力，很多女性更喜欢退居幕后。

通常，担任领导职务的女性内心会很挣扎，一方面，她们希望受人欢迎；另一方面，她们又必须坚持原则。因为在做出令人不适的决定或明确的通知时，可能会被人讨厌。

如果担任领导职务的女性过于情绪化，通常会被认为领导能力弱，如果她们表现出愤怒，又代表她们无法自控。而对于男性领导者来说，表达愤怒就更容易被接受，会被理解为具备领导意志。

对于工作也是：不被允许的怒气会产生很大的负面影响。
"允许发怒"并不是说要大声吵吵或者责骂，而是首先要意识到自己生气是存在问题或困难的标志，尤其是在与他人相处时。

一项关于女性和男性领导行为的研究显示，女性领导需要控制自己的情绪，以便她的员工能够接受她的领导角色，悲伤和愤怒一样是禁忌。对于男性来说，主要的禁忌是悲伤，如果他们表现出愤怒，会更容易被接受。因此，人们期待女性管理者比男性管理者更具有控制情绪的能力。

茵萨是一家大型诊所人力资源部的一名员工，她的例子告诉我们，不被允许的愤怒会怎样妨碍我们做出必要的决定以及执行力。

几乎每天，茵萨都要进行员工面谈，负责对员工提出告诫、解雇以及进行招聘面试。她今年32岁，在完成人力资源管理培训后又学习了心理学，主要学习方向为商业心理学。

她和奶奶住在一起，还有一个男朋友。

她定期和护理部门的主管、病房医生以及行政主管开会。她细心、友善的性格，让她很受欢迎。

在这个职位上，茵萨刚刚工作了一年，她想要好好干。

对她来说，有关反馈，尤其是批评性反馈的员工会谈是最困难的。她总是尽量保持客观和友好。她会对批评做出详细的解释，希望员工们能够更好地理解这些问题。但在谈话过程中，如果员工几乎完全沉默，甚至开始哭泣并不断道歉，这对茵萨来说，简直太难办了。

茵萨对护理人员充满了同情心和耐心，因为她曾做过这个工作。现在，她还非常清楚地记得，当护士长直言不讳并且非常严厉地批评她甚至有时直接在病房里发火、大吼大叫时,她有多可怕。她绝不希望自己那样做。

但现在,茵萨意识到,员工谈话没有效果,员工的错误行为并没有因此得到改善。

她对此非常生气,她觉得自己不被重视。

但是,她并没有接受自己的愤怒并问自己问题到底出在哪里。茵萨绝不想发火,但是,她发现她对自己很恼火,因为她没有搞定自己的工作。

当员工面谈总是不起作用时,茵萨就对自己说:"人就是这样——现在我试着用友好、尊重的方式与员工谈话,但是他们从来不认真对待!"

在茵萨寻求帮助,找到为什么她在批评性的反馈谈话中遇到这么多问题后,她清楚地意识到:她担心在提出批评后自己便不被喜欢,从此给大家留下一个严厉的人事专员形象,并因此遭到排斥和孤立。她希望受到所有人,而不仅仅是人力资源部同事的喜爱。

当她提出必要的告诫时,她希望以"不伤害到任何人"的方式提出警告。而从建设性攻击角度来看，这种"伤害"和划定界限是人们愿意改变他们行为的一个必要步骤，这对茵萨来说是一个新发现。

在认知上，她很快理解了这一点，但是要花一些时间才能在情感上这样做。

● **反思问题**

我如何处理工作中的愤怒？

我有很多理由在工作中发火吗？

我是如何处理愤怒的？

我的愤怒背后隐藏着哪些需求？

我能表达出我的愤怒和需求并以此来解决冲突吗？

当表现出愤怒时，我会收到什么样的反应？

当作为领导表现出愤怒时，我有什么样的感受？

当我的女性领导或上级很生气或者压抑她们的愤怒时，我有什么样的感受？

第三章

我们该如何觉知情绪

"对于一个人来说,愤怒就像汽油对于汽车一样——它会驱使你到达更好的地方。没有它,你就没有动力去面对问题。愤怒是迫使我们定义什么是公平,什么是不公平的能量。"这是圣雄甘地的孙子阿伦·甘地在他的著作《愤怒是生命给你最好的礼物》中引用他祖父的话。

被我们称为非暴力沟通的典范和榜样的圣雄甘地与愤怒间有什么关系?

阿伦·甘地还引用到:"愤怒是一件好事,我无时无刻不愤怒!"

愤怒是一件好事——这意味着我们可以聪明地利用和使用愤怒。但让我们先退一步问问自己：我们如何才能完全消除愤怒？

我们先对如何建设性地处理情绪提出几点一般性的评论。我们将这方面的能力称为"情感能力"，即能够明智地处理情绪的能力。

一开始，要提出的问题是：我们如何意识到自己的情感？埃里克·伯恩的学生——沟通分析的联合创始人克劳德·斯坦纳描述了情感意识的各个阶段。下面我们来看看这些阶段中对生气和愤怒的描述。

如果一个人无法了解自己的愤怒，斯坦纳将其称为"情感麻木"。这样的人无法说出自己的感受，是的，他什么也感受不到。在面对严重压力的情况下，这样可以防止被痛苦和恐惧所淹没。对于情感麻木的人，别人可能会感受到或者至少会怀疑他们在表面下隐藏了什么感情，但这个人自己却很可能感觉很正常。

下一个阶段是身体感觉。

在这个阶段，人可以感知到自己的身体。例如，一个人可能会心悸、紧张、磨牙或者神经过敏，但是他不会将这些与愤怒联系起来。如果这些身体感觉进一步被归类为情感，斯坦纳则称之为"基本知觉"。

但这时愤怒的感觉仍然不明确，更可能被认为是一种不适感。

只有在能够说出和分享时，这种不高兴的情绪才会被视为生气和愤怒。斯坦纳认为，只有当人们学会在一个熟悉的环境中与信任的人不仅提及，还可以分享和交流他们的情感时，才会克服这种语言障碍。

只有这样，才可能以不同的方式感知情感，即区分一般的不适、烦躁、生气，甚至是愤怒。

下一个阶段是因果关系。

我们可以发现是什么触发了自己的情感，以及对这些感受的个人反应。我们越经常处理自己的感受并感知它们，就越能区分它们。有了这种直觉，我们对他人情感反应的同理心也会随之增强。

斯坦纳将最后一个阶段称为"互动性"阶段。

它不仅需要了解我们自己的感受和感知别人的感受，而且能够看到和评估我们的情绪在别人身上触发了什么，反之亦然。这涉及与他人相互连接的复杂性相互作用。

情感互动需要一种最高意识的状态：我们不仅需要了解自己的感受并使自己处于他人的情绪中，还必须预见这些感受如何相互作用。

但是，我们要如何了解自己的愤怒呢？

在前面的章节中，我们看到许多女性很难感受到自己的生气和愤怒。她们更愿意感受到紧张或压力，不舒服或者烦躁。我们可以通过自己的身体、情感以及我们的思维来找到了解愤怒的途径。第一步是要意识到自己的愤怒。然后，可以让自己感觉到它，接受它，并仔细观察它。所以，**第一步，你可能要改变对生气和愤怒的态度。**

小时候需要抑制愤怒而获得认可的人现在可能需要质疑一直以来被认为是正面积极的自我形象。如果成功了，我们将不再总是希望保持和善、善解人意和可爱的形象。这种内心变化最初可能会使人感到不安。以后我们还会受欢迎吗？我们是害怕自己的愤怒，还是对此感到羞愧？

接受愤怒、生气和仇恨并不是为了摧毁别人，而是要表达和明确自己的想法。与他人相比，愤怒背后所隐藏的通常更多是关于我们自己以及我们的需要和伤害。我们必须接受我们的愤怒并不证明别人是坏人。

愤怒和父母自我、成人自我、儿童自我

我们已经了解了生气和愤怒有什么不同的感受,我们每个人都已经体会过,我们自己对此也会有完全不同的感受。

有时,我们会感觉强大而有力,有时又会遭受痛苦或愤怒,有时也会反抗、抱怨或者非常无助。

这种不断变化的愤怒经历表明,我们人格的不同部分也会对愤怒有不同的体会和表达方式。

第三章 我们该如何觉知情绪

根据埃里克·伯恩的说法，我们的人格由三个不同的自我状态组成：**父母自我、成人自我和儿童自我**。

自我状态指的是一组相互关联的相关思维、感觉和行为。

每个人都可以在三个自我状态之间进行切换。这个过程可以是有意识进行的，但通常是自发和无意识地发生的。

在**父母自我**中，我们保存了童年时期从家长那里接收到的一切，因为那是我们作为孩子时简单学来的。这无关乎我们是否喜欢父母的行为。我们会牢牢记住它，它会活在我们的身体里，就算是现在也可以模仿出来。

我们心中的父母自我可以是充满爱心的、关怀的，也可能有批评的部分。有时，我们会清楚地意识到，无论是否喜欢，我们的想法或行为都会像我们的父母。所以，我们也可能对愤怒和生气持有相同的态度，或者说，在不知不觉中，我们继承了父母对此的态度。

有时，与我们亲近的人会更容易发现这一点，并告诉我们，我们的行为就像我们的母亲或父亲一样。大多数情况下，我们不喜欢听到这样的话，因为这通常被用于不受欢迎的行为。

如果我们认真研究自己的生活经历以及原生家庭，便会发现自己从父母那里继承了什么。

我们也可以反思，这对现在的生活有什么好处，哪些适合我们，哪些不适合我们。

通过新的、积极的关系体验，我们可以回顾、改变和扩展自己的父母自我。我们中的许多人身边还有其他重要的人对我们产生了积极或消极的影响。

这些人可能是老师、朋友的父母，或者爷爷奶奶，他们在某种特殊的情况下给予我们鼓励、舒解或安慰。

所谓的"内在批评者"，就是我们**父母自我**的一部分。这一部分对我们提出了很高的要求，在很多事情上，指责和严厉地批评我们。这一部分很顽固，会抵抗变化。这种人格部分通常涉及生气和愤怒。

成人自我是我们人格的一部分，它基于现在和当下，尽可能客观、公正地感知各种情况并进行反思、研究，并决定要做什么。而这一切并不意味着排除了情感因素。我们的成人自我和父母自我不同，会以不同的方式表现出来。通过感受和学习，我们会不断扩大自己的成人自我。

在这种个人状态下，我们还可以验证我们源自父母自我的想法、感觉和价值观是否真的适合当下的情况。

我们的**儿童自我**，也就是我们内心的孩子，那个曾经的自己，他所有的经历作为记忆被保存在心里，这些记忆让我们保持活力和年轻。但是，这也导致我们有时会陷入以前的行为模式，而这样的行为对于当前来说，对我们不一定有利。

我们内心有焦虑和羞怯的部分，也有充满爱心、活力、好奇和创造力的部分，以及脆弱和对抗的部分。如果我们陷入了儿童自我中，会感到"像以前一样"，并且在脑海中会浮现出童年时的情景。

当前的情况和经历可能会唤醒我们内心的孩子，这会让我们感到熟悉，因为我们有过类似的经历。然后，我们会假设当前的一切都和过去一样。在某些情况下，这样的期待会导致一个成年人的行为会和他小时候在类似情况下的做法相同。结果，孩童时期的期望得到了证实，心理学家也将之称为"自我实现的预言"。

我们证实了自己以前的行为模式，而不是按照我们成人自我的方式行事。

因此，如果我们能够反映和控制成年自我部分，明白何时何地对于儿童自我部分是有益的，以及哪些不是有益的，那么这就是好事。

下面我们看一下，在生气和愤怒时，这三种自我状态都起什么作用。

生气可能源于不同的想法、态度和其他感觉，因此也会以不同的形式表现出来。它可以隐晦和间接地被表达出来，也可以非常明确和直接地被表达出来。

当我们心情不好、烦躁、不满意时，涉及的是哪种自我状态呢？

有时，我们无法明确地说出自己生气的原因。这种情绪通常会让人感到幼稚，因为这不会让人感觉很有力量。

我们希望有人来为自己解决一切。或许，我们只想自己安静地待着，或者希望有人充满爱意地拥抱我们。如果有人对我们说，"哦，可怜的孩子！你太不容易了"，或者"谁让你这么生气"，这或许会让我们感到好受。

但是，当我们处于这种心情时，我们的父母自我又会强力出现。如果我们感到烦躁，我们也总是会优先搬出源自父母自我的价值观。如果去研究这些心理状态中所隐藏的东西，就会发现我们的价值观，其中很可能还包括对日常事务、其他人，或者也有对我们自己压抑的愤怒。

我们内心的批评家是我们父母自我的一部分，它会对我们和其他人的行为、愿望和感受作出评价。

这种批评常常被夸大，贬低我们和其他人。这种批评的态度会使我们心情不好，这时，我们的成人自我就会检查这些评价是否合适。

如果处于挑衅或者反叛的情绪中，我们的儿童自我便会占主导地位。

我们可能会沉默、消极地对抗，或者也可能大声、激烈地喊叫和跺脚。孩子的对抗并不寻求直接解决问题的方法，只是想要发泄和坚持己见。这种对抗的、愤怒的态度通常是固执的、持久的。在对抗中我们会感觉到自己的强大。

但是，这是一种欺骗性的有力量的感觉。因为在一个对抗的孩子状态，我们不会主动解决问题或者改变情况。在对抗中，我们希望其他人做出改变以能够让我们重新好起来。在对抗的儿童自我状态下，我们的声音、表情和用词往往是幼稚的。

"暴怒"一词代表的是一种情绪，表示生气和愤怒已经积压了很长时间，感觉承受不了了。如果我们的父母自我持续的时间长一些，我们便会压抑自己的愤怒，然后愤怒便会在我们的身体内累积起来。

就像过热的蒸汽锅，阀门最终一定会爆裂，不给我们的成人自我留下时间去进行反应和做出明智的决定。

没有成人自我的自我控制，愤怒会升级为狂怒，特别是在面对挑衅和羞辱时。

父母自我和儿童自我通常会积极参与其中。他们会根据之前被激怒的经验做出反应。在狂怒的状态下，成人自我会部分或完全关闭。我们被这种愤怒带动去进行攻击性的伤害情感或身体的行为，这时，我们的儿童自我和父母自我已经控制了我们。

大多数时候，过不了多久，我们便会对自己的怒火感到后悔。

这就是为什么当我们处理自己的愤怒时，激活我们的成人自我是如此重要，这使我们在行动前能够进行反思。

如果我们有一个强大的、批评型的父母自我，便会很快对一切不顺利的事情感到恼火。而且，我们也倾向于高高在上地对所有事做出评价。

我们会认为自己比别人都好。我们会对别人生气和发怒，并认为自己在道德上高于别人。但是，即使在成人自我的状态下，如果我们经历或者看到有人做出令人气愤的事情也会感到愤怒。

出于父母自我的蔑视是未作思考出现的，而且通常会受到强有力的保护。它可能以讽刺和挖苦的形式出现，尤其当我们在童年时期不被允许表现愤怒时。

这种积压的、在某种程度上已经萎缩的愤怒会以尖酸刻薄的语言表现出来。

在这种挖苦背后，隐藏的是一个习惯批评的父母自我。儿童自我也会参与其中，但是在挖苦的状态下，人的痛苦和伤害并没有得到安慰，基本情绪会一直阴沉，也会削弱心中的喜悦和快乐。

如果一个感觉无力的儿童自我与一个总是不满、对所有事情和所有人都挖苦、贬低的父母自我结合起来，那么成人自我便只是一个次要角色。

因此，受这种基本情绪影响的人看不到变化的可能性。

即使长期积压的愤怒已经上升到仇恨的程度，也只能通过我们的成人自我得到部分反映。

因此，即使理性认识到了仇恨从何而来，也无法轻易减轻或消除仇恨。就算是我们父母自我的道德观也无法消除仇恨。

这通常会让我们感觉很不好，因为我们感受到了这么多的仇恨。仇恨让我们只想摆脱或摧毁被我们视为痛苦和不公的情况或与此相关的人。这种感觉往往深深植根于我们的儿童自我中，它具有巨大的暴力潜力，因为它逃避了成人自我的反思，并受到父母自我的片面价值观和偏见的影响。

仇恨比儿童自我的绝望和无能为力感觉更好。

在仇恨中，我们可以让别人为我们的麻烦负责并因此惩罚他们。在报复幻想的章节中已经了解到，我们有一种内在的平衡需求。

我们的儿童自我有一个神奇的想法，即当另一个人和自己一样糟糕时，我们会更容易承受自己的痛苦。然而，这种"消极公平"的想法是一种错觉。儿童自我需要接受自己的痛苦，找出成熟的方法解决愤怒，并找到非暴力解决冲突的办法，而不是选择仇恨和报复。

承认自己报复想法和仇恨的感觉，往往不那么容易做到，因为我们会为此感到羞愧。但是，如果我们可以暂时停止这些感觉和想法，就可以找到造成这些伤害和失望的原因。然后，仇恨又可能会变回正常的愤怒，而我们可以利用这种能量通过建设性的方式处理其背后的冲突。

● **反思问题**

当愤怒时，我能发现是自己的哪个自我状态在生气吗？

我如何感受自己的成人自我的愤怒？它与哪些价值观和需求相关？

如果我内心的孩子生气了，他会有什么反应？

当我的父母自我生气或愤怒时,他会如何表现?

我是否可以借助我的成人自我来检查我父母自我的愤怒是不是真的符合当前情况,或者只是源于老旧的、被继承来的道德观和习惯?

通过身体了解自己的情绪

随着对自己的身体越来越了解,你将学会在此时此刻体会自己。

此时此刻,如果你充分地感受自己的身体,例如你的脚或腹部,那么你的想法就不会专注于过去或将来。

你可以通过将自己的感知引导到身体或身体的一部分来使你专注于自己,这样你可以感觉到身体的外部和内部。

尤其对于我们女性来说，子宫和卵巢是我们身体的中枢。

我们对它有什么感觉？我们能否通过身体来感知自己的中心、女性特质？单纯从身体角度或者表面意义考虑，我们的直觉有什么作用？我们是否可以将骨盆视为女性的力量中心并从中汲取力量？

当你感受自己的身体时，你可以体会到身体是如何发出与愤怒相关的各种信号的。

感觉你身体的紧张，例如颈部和背部，或者经常收缩的下颚。有时，在你谈论某事时，还会握紧拳头。你会收缩括约肌吗？你会感觉到腿脚不适吗？在某些情况下，你是会一只脚不停地动，还是会跺脚？你的呼吸如何？你有时会屏住呼吸或者呼吸加速吗？你有时会感觉很热，脸发红，或者脖子变成红色吗？你的心脏会咚咚跳，心率会加速吗？你是否会感到胃部有压力，就像有一块大石头？你是否会感觉痒，是否会薅头发，或者在紧张的时候咬指甲、拉扯甲周的倒刺？

如果单纯地仔细感知自己的身体，你会发现很多信号。

这些并非都是生气和愤怒的直接标志，它们还与其他情感相关。

但是，只要增强对它们的感知，你便会感受到更多东西。然后你可以问一问自己："现在，我的身体为什么会做出这样的反应？""现在，我的身体想要什么？它的需求是什么？""这是怎么回事？我刚刚经历了什么？""是什么让我担心？我现在感觉如何？""我更多感觉到幸福、恐惧、悲伤，还是愤怒？我在想什么？"

通过感觉了解自己的情绪

也许，你只是模糊地感到不舒服或有压力，但是没有清楚地识别出愤怒。

当你心情不好或者很烦躁时，也许你会感到悲伤、沮丧或恐惧。请感受自己，直到你的感觉变得清晰。

这是你经常会出现的典型情绪吗？这种感觉是否与你正在经历的情况相符？在这样的情况下，大多数人都会与你有相似的感觉吗？对你来说，这是一种与情况相符的情绪，还是一种替代情绪（请参阅本书第 50 页"伤心代替愤怒，还是愤怒代替伤心"一节）？你可能还会经历各种情绪混合的情况。

通过思想了解自己的情绪

这听起来有些自相矛盾，但思想确实为我们提供了很多线索，证明了在其背后，愤怒的情绪一直在活跃着。

你内心的自我对话是一个真正的宝库。

多观察并敞开自己——包括那些你永远不会大声说出来或者会为此感到羞愧的想法。

你想禁止"邪恶"的想法，但其实无法阻止，也无法消除。只有当我们认识它们，接受它们，并了解和关心它们背后的需求时，它们的力量才会消失。

不是只有谩骂的话才是愤怒的标志，挖苦、嘲笑的想法、愤怒、愤慨以及轻视也是。

在与女性进行的很多谈话中，我注意到那些很少了解自己愤怒也不喜欢愤怒的人，她们更强烈地受到其他人或情况的刺激而发怒。因此，如果我们喜欢讽刺，经常做出一些贬低和挖苦的评论，可以以此为线索，来处理和跟踪了解我们的愤怒情绪。

但有时我们也会遇到一种思维障碍，突然感觉脑袋沉闷或空洞。

这也是一个很好的线索。

我们可以问问自己："我现在有什么不太想释放出来的想法或感受？"

探索情绪

佛教禅宗僧侣一行禅师要求我们:"拥抱你的愤怒。"

我们要接受自己的愤怒,研究它,并问问自己:"导致我们愤怒的原因是什么?"

一行禅师说,**只有在我们没有去仔细观察并关心它的时候,愤怒才会具有破坏性**。因此,正念是治疗和疏离压力的良药。

它"照亮我们的愤怒,像姐姐照顾弟弟妹妹一样去帮助它,关心它，照顾它"。

多么美好的画面啊。

所以说，愤怒值得我们去关注和接受。

不论你感觉自己的愤怒多么脆弱和无法捉摸，或者多么具体和强烈，下一步都是要找出是什么触发了你的愤怒，以及背后隐藏着哪些未被满足的需求或被忽视的价值。

这样一来，愤怒就可以转化为对自己的共情和理解。在最理想的情况下，还可以理解他人。

下文中所列出的导致愤怒的原因并非详尽无遗，这只是给大家一个粗略的方向。你的任务是深入探索你愤怒的背后到底隐藏着哪些需求以及愤怒的真实诱因。

如果我们的基本需求没有得到满足：

对食物、保护和安全；

对关系和认可；

对亲密关系、爱与归属感；

对能力以及自我实现；

对组织；

对自由和自主的基本需求。

当我们的自我价值和个人身份受到攻击时：

当不被注意时；

当不被尊重时；

当我们被嘲笑或羞辱时；

当我们的能力被贬低时；

当我们受到不公平待遇时；

当我们受到限制和阻碍却又无力反抗时；

当我们的个人界限不被尊重时；

当我们因为别人的需求而被利用时；

当某人对我们进行语言、情感、身体或性暴力时。

当对我们重要的价值和规则遭到破坏时：

日常社交互动中的价值；

责任与义务；

正义；

社会规范、政治价值观；

环境保护、动物保护等。

愤怒的非真实诱因

愤怒的非真实诱因是指我们根据过去愤怒的经历来解释当前正在发生的事情或他人对我们的反应,而没有去验证。

我们假设,当我们说话时,另一个人没有听。

如果这是一种熟悉的模式,我们很快就会对此发火并认为:"她又没有好好听我说话!"我们没有真正检查对方是否正在忙一些非常重要的事情,以及她没有在听是不是并非针对我们。

我们内心的批评者会倾向于贬低别人,有时也包括我们自己。

这导致我们会对别人或自己非常生气,尽管实际上可能并没有真正导致我们愤怒的理由。

我们该如何处理自己的愤怒?

假设我们生气了,意识到了这种情绪并发现了原因,那么,愤怒还有什么用?它的意义和作用是什么?

关于这个问题,圣雄甘地提出了下面的问题:"你如何能够最好地利用自己现在的愤怒?"即使我们已经意识到了自己的愤怒，并且发现了它出现的原因，我们也有可能陷入"我是因为你……才生气"的模式。

为了不把关注点放在别人身上，我们需要关注自己未被满足的需求：我们对另一个人感到生气，因为他没有满足我们的某项需求。

现在，这个需求对我们有多重要？它需要我们说出来并为此发火吗？当下的情况适合争论吗？或者我们可以放弃自己的需求（而且不会在怒气集邮册上再贴上一张）吗？

如果我们决定满足自己的需求，我们的能量以及能量流动的方向便会发生变化。

我们可以轻松说出："现在不是我对自己生气"，而是（对你生气。）

通常，当我们表达出自己的愤怒，对方也会感到愤怒。对他人提出要求，我们会感到不舒服，会动摇或者难受。这正是一些人想要回避的障碍，因为他们认为要求别人是一种令人讨厌的事。

事实上，建设性地处理自己的愤怒特征不是谴责和指责对方，而是表达我们自己的需求以及我们的失望和所受到的伤害。

愤怒或生气的意义是：
我们坚持自己的需求并为之努力争取；
我们保护自己；
我们给自己划定界限；
我们想要避免进一步的痛苦；
我们想要保护自己的价值观；
我们可以有自我价值、强大有力，也就是说，我们可以影响他人；
我们有能力改变。

生气和愤怒给予我们能量，并使我们不断前进。健康的愤怒希望有所作为。愤怒是一种重要的关系情绪。

第四章

如何找到处理情绪的方法

在有些情况下，愤怒就那么从我们的身体里冒出来了。

如果我们认为建设性地处理愤怒就必须保持镇定、理智、中立，经过思考、控制以及约束，那就错了。

有时，我们必须要让自己心里舒服一点儿，而我们的音量向自己和他人展示了愤怒的程度和重要性。

当然，这种本能的愤怒并不适合所有情况。你可以推迟爆发，找到合适的时机再去与对方谈论和争论，毕竟我们拥有情感和理性，可以从成人自我角度进行思考何时何地是一个好时机。

如果你经常生气而且相当冲动，那么你可以创建一个小小的"愤怒日记"或笔记，由此你可以发现，在本能的愤怒中，是什么在让你生气。

有时候，在我们知道原因后，自然就能够冷静下来，并知道以后可以利用笔记来记录自己的愤怒。

这样的笔记也有助于我们了解是否总是同样的事情，或者同样未被满足的需求让我们生气。

在我们谈论自己的愤怒以及未被满足的需求时，应以"我信息"的形式。

这意味着我们应该谈论我们自己，我们的感觉如何，我们需要什么，而不是责备或贬低对方。这样就会变成"你信息"。

所以，比起"你从来不好好听我说话"，如果我们能够明确表达"你不好好听我说话的时候，我很生气，感觉自己不被重视"，这样会更好。

另外，我们还可以表达自己的愿望："我想让你现在认真听我说话，因为我要告诉你一些重要的事情！"

这样一来，我们并没有完全对别人做出任何评判或贬低，而是根据对方的一个具体行为说出自己的感受："你没有问我就拆开我的包裹，这让我很生气。你能不动我的包裹吗？"而不是说："你到底是怎么回事，怎么总拆我的包裹，你以为你是谁啊！？"

在马歇尔·B.罗森伯格撰写的有关非暴力沟通的书籍中，你可以找到有关这种解决冲突的沟通方式的更多信息。

有时候，我们让身体发泄一下也是好事。有的人喜欢慢跑、打壁球、网球，或者打扫卫生。毕竟，精疲力竭总比生气好。

但是，**如果我们只是发泄，而没有关注自己的愤怒，以及它背后的需求，愤怒便会一再出现。**

如果针对某一个人积累了很多怒气，例如对你的父亲或母亲，你可以给这个人写一份"愤怒的信"，这样会让你感到轻松一些，但是不要急着寄出去。

它的作用只是让我们把积压和隐忍的愤怒说出来，让愤怒从我们的身体里释放出去。

这是我们自己的"内部清洁"。

特别是当我们感觉自己的愤怒是针对我们的父母时，**不要一再尝试获得可能从我们的童年时期便缺乏的理解。**

我们长大了，可以放下旧事并成为独立于父母的存在，这是我们成熟的一部分。**但我们当然可以安慰自己，因为我们经历了这样的失望。**

摆脱依赖

当女性开始摆脱依赖和共生的羁绊,表达自己的观点和需求,而不是退缩或争吵时,必须要做好面对困难准备。

当我们的生气和愤怒赋予我们力量,坚定地说出我们的要求时,更是这样。

我们要相信,一切很快都会好起来的。

有时候，对你的伴侣来说，这意味着令人意想不到的改变，如果他们愿意并能够，他们要做出调整。

理想情况下，当我们敞开自己，谈论我们的感受和需求，并说出自己的真实想法时，他们会倾听，会感到惊叹，也可能会令他们感到欣慰和放松。

但是，我们首先必须考虑到对方可能会做出防御性反应，并为此做好准备。

如果我们事先做好准备，并知道应该如何处理，一定会更好。

这样，我们便不容易气馁，会更坚持自己的目标。

对方可能会进行反击，以"以牙还牙，以眼还眼"的方式表现出他的愤怒和未被满足的需求。然后我们会有一种感觉，那就是我们并没有真正地受到重视。

对方利用名义上的公平让我们的愿望减弱："我和你一样，也有未被满足的愿望！"这时，你应该说："我希望你现在先好好听我说完。一会儿你也可以说说你的需求，我也会认真听你说！"

如果我们以更多的怒气来应对反击，会容易导致问题升级。但是，不断反复争论并不会带来建设性的结果。

对方可能会立即为自己辩解，并解释他为什么会这样做。

我们也会产生没有真正被重视的感觉。因为比起感受我们的情绪，对方更在意的是他自己。即使对方有充分的理由这样去做或想，但这并不意味着我们自己的观点不重要、不合理。

对方的理由可能会诱使我们屈服，认为别人比我们自己更重要。这不是谁有理的问题，而是在于能够看出我们的动因。

尤其是当对方能言善辩时，我们会变得不确定。

我们是否能够足够清楚地用语言表达出自己的愿望？我们的理由是否足够符合逻辑或合理？但是，这由谁来批判——是我们自己，还是别人？不论按照什么标准，我们都可以坚持自己的感觉和想法吗？

如果在我们想和对方谈谈的时候，他退缩了，比如，翻阅或整理报纸，这会令人感到十分沮丧，并常常会加剧我们的愤怒或让我们放弃。

如果对方完全拒绝沟通，离开房间，或者对我们说，现在这个时间很不适合用来谈话，这会使我们感到很无力和被拒绝。

这时候，重要的是不要退缩，而是要寻找新的谈话机会，或者要求对方和我们谈一谈。通常来说，重要的谈话不要急匆匆地进行，而是要安排对两个人来说都合适的时间。

在这一点上，有些女性更倾向于退缩，或者因为担心被责怪而放弃，之后心里再发牢骚和抱怨，然后责怪对方又一次没有重视我们。

有时候，我们要克服自己的自尊心，这样才能主动摆脱被指责的受害者角色并接近对方。毕竟，我们有想要的东西！为此我们需要争取。

如果开始坚持自己的想法，表达自己的需求并对他人有所要求时，我们可能需要面对自己的恐惧感和内疚感。

对方会接受这样的我们吗？我会很烦人吗？我想要的太多了吗？如果我不再是那个安静、好脾气和随和的人，我还会被喜欢吗？

如果我们不习惯争论，那么会产生这样的不确定性是很正常的。

如果我们停止做取悦对方的事，事实上这确实是一种要求，他们会不再像习惯的那样被满足所有需求。他们必须改变。对他们来说，这是痛苦的，意味着要放弃熟悉的习惯。我们必须忍受这样的事实，我们没有立即得到感谢，反而会接受对方的坏心情和批评。重要的是，我们要坚持我们的需求，即使我们没有立即得到他人的支持。这不是说我们不关心对方，而是我们要坚持自己的想法。我们也可以培养对方产生共情，而这对我们来说并不容易。

在女性刚开始表达自己的观点并坚持自己的利益时，不论是在人际关系中，还是在职场上，当出现阻力时，她们往往会变得不安。

说话甚至会语无伦次，找不到合适的词或者很快就放弃了。然后，她们会在放弃、为自己的无能感到愤怒和自嘲之间来回切换。我们都熟悉这样的话：

"他根本不理解我！"

"他从不认真听我说话!"

"又不重视我!"

"别人完全不在乎我。"

也许我们也习惯贬低自己:

"我总是无法坚持到底。"

"我总是表达不清自己的想法。"

"我很快就变得不确定。"

"我嘴太笨了,突然就说不出话了。"

另外一种退缩的方法是自我牺牲或找理由:

"现在我又觉得这对我来说没那么重要了。"

"最后还是什么都不会改变。"

"我已经忘记那件不愉快的事了。"

"明天一切都会不一样的。"

"反正生气解决不了任何问题。"

在被拒绝和感到不被爱的时候,一些女性没有继续努力和坚持,而是选择以泪洗面。即使这些女性并非有意为之,但她们的眼泪经常会让对方产生内疚感。

如果对方出于同情或者内疚而妥协，也许只是为了安慰或让事情平息下去，那么，这并不真的是一个好的解决方法。

从长远来看，他会更倾向于与你保持距离，抽身离开；或者他会感觉自己被欺骗了，然后会很生气，变得很冷酷，因而，那些想要借助自己的眼泪来坚持自己的女性会让自己变得更弱。

仅仅因为另外一个人的同情而在冲突中获胜，并不会增强我们的自我价值。对这些女性来说，更重要的是如何了解自己的力量和愤怒，这样，她们就能够积极地为自己的利益努力，并主动进行建设性争论。

发怒和责任

当我们生气并指责他人时,对方将从我们这里得到"斥责"。我们会指责他、责备他、谴责他,这样做时,我们会解读对方的行为并对他说,我们认为他如何了。而这一切都是**"你信息"**。

这在一定程度上代表"都是你的错,我才这样生气"。

但是,如果我们对伴侣发火,那并不代表他要为我们的愤怒负责,甚至要因此受到责备。我们有权利生气。当有情绪的时候,我们可以生气。但这并不是要谁为我们的愤怒负责,或者是由谁导致的问题，而是**现在到底是谁有问题？**

当我们对别人的行为感到愤怒时，我们自己也有问题，因为我们深受其害。

因为我们不能够改变别人，我们首先要考虑，为什么他的行为对我们来说是一个问题，让我们生气。我们的哪些需求没有被充分意识到。

我们应该对自己的需求负责。我们必须为此坚持并关注自己的想法，并使它尽可能地被满足。我们要如何做？我们如何关注自己的需求？我们可以向他人提出什么要求？我们希望什么？

请注意，不是强迫或强求。当寻求一个问题的答案时，我们必须认识到，我们的需求实际上不能被别人满足。

下一步，我们可以或者必须考虑，我们是否可以放弃以及暂时搁置这些需求。如果选择放弃满足这个需求，我们应该主动承担放弃的责任，而不是去责备对方。这可以使我们摆脱受害者的角色。

我们放弃自己的需求，惋惜的同时也看一看，我们之间的关系中还有什么其他东西是一致的。这并不是简单地让步，而是在这段关系中承担起自己的责任。我并不是说这很容易，但这会让我们一起成长。"每一种关系都要求我们扩大爱的能力。"

这就是成人自我的需求所在。

当向伴侣或者朋友表达愤怒时,我们也要知道和察觉,对方是如何感受这份愤怒的。只有这样,我们才能评估和判断使用哪种方式表现愤怒才不会完全压倒和吓到别人。我们自己知道,我们对别人的愤怒会做出什么样的反应。他人的愤怒可能会使我们感到害怕、不确定,也可能会促使我们进行战斗。每个人的反应是不同的。

但重要的是,请清晰地表达出愤怒,让别人明确知道。但是我们也不能忘记,对方可能需要点儿时间反应,接受你所说的话并平复震惊的心情,然后他才能思考并找到答案要如何处理。因此,我们不能期待对方立即做出反应或理解,那是不合理的。

根据我们的愤怒和事情的背景,一开始,对方可能会感到很沮丧,受到很大影响,也可能会很快生气。我们必须能够忍受这种紧张的气氛。经常有女性对我说,对她来说,当别人做出生气、回击或者退缩的反应时,她会感到很为难。很多人希望在睡前"一切都好起来",能够和解,但是,有时如果太生气了,无法很快找到解决方法,双方就会僵持在那儿,不但会让人产生距离感,而且还可能会感觉像是一次(暂时的)分手。

发怒赋予行动力量

根据茱莉娅的故事，我们可以看到，一个成年人愤怒的能量如何帮助我们做出清晰、直接的行为。

经过几年的单身生活后，一年前，茱莉娅交了一个新的男朋友马库斯，他是一名IT顾问。茱莉娅是一名自由职业健身教练。她有一个漂亮的小公寓，工作完成后可以在家里享受她的空闲时间。她还没想过要和马库斯搬到一起，她想先更好地了解他。有时，她感觉与马库斯之间会有距离感，有些孤单。她发现他很少有激情。但是，好在所有事情他们都能够彼此商量。马库斯和他的前任有两个儿子，但他很少谈起——茱莉娅也只见过他的儿子一次。她对此有些想不通，但是她猜想，马库斯只是还需要些时间。

马库斯有时会贬低她，她很不喜欢这样。

她会因为他对她说话方式的问题而生气，也有过因此半夜从他家离开，开车回家的经历，包括和他一起度假，也没有给她带来所期待的亲密和温柔。但另一方面，和他在一起，她也感受过很多美好、有意思的时刻，所以她决定再给这段关系一个机会。

最近，马库斯经常抱怨有一种虚弱感，突然就会感到崩溃。医生确诊在他下腹部的位置有一个模糊的肿瘤，马库斯必须立即住院，以便尽快接受手术。茱莉娅惊呆了。

在手术的前一天，她去看望马库斯。在他的病床前，她看到一个陌生女人正抚摸着他的胳膊告诉他，她会帮他取消后面所有的事情。"她抢了我要说的话"，茱莉娅脑子里的想法一闪而过。她表明自己有多么气愤，还没等马库斯和他的访客做出反应，马库斯的一个儿子和他的母亲就进来了。三个女人彼此简单认识了一下，她们交换了电话号码，以便能够更多地相互了解。

茱莉娅越来越对这种情况感到恐怖。她要求其他人先出去一下，她要和马库斯单独谈谈。那位儿子的母亲匆匆离去，另一个女人也离开了房间。茱莉娅坐在马库斯身边，抚摸着他的后背，问道："刚才我进来时，坐在你身边的女人是谁？"他回答说，那是他大儿子的意大利女朋友。对于她的行为，他解释说，那是因为她天生掌控欲就比较强。茱莉娅见过他儿子的女朋友，她告诉他，那与她刚才见到的女人完全是两个人。马库斯很恼火。

慢慢地，茱莉娅觉得这整件事太愚蠢了。她来到门口，对另一个女人说："我是他的女朋友，你是谁？""我也是他的女朋友，我们交往七个月了。我们是在墨西哥认识的。"茱莉娅一下就明白是怎么回事了。她非常震惊，不得不深呼吸让自己保持镇定，但她马上决定，和马库斯的这位女朋友一起来到他的床边。

"你明天从麻醉中醒过来时，我们不会再是两个人坐在你的床边。你现在必须说明白，你到底想怎么样？"马库斯看着地板，什么也没有说。沉默了一会儿后，茱莉娅跟马库斯道了别，并祝他一切顺利。

在医院门前，茱莉娅开始大哭起来。她接连抽了三根烟，然后问自己，这一切是否只是一场噩梦。然后，她和她最好的朋友打了电话。她知道，自己现在需要和一个可靠的人聊一聊，以免完全垮掉。茱莉娅和她的朋友足足说了三个小时，没有停顿。然后，她看清了事实，也有能力接受这个事实。晚上，她收到了马库斯的一条短信："谢谢，说真的，你真是一个了不起的女人。"第二天早上，她给他回复了短信：

你是我见过的最糟糕、最没品、最神经不正常的猪。太好了，我不用和你这样的人一起生活了。现在我会找一个值得的男人，期待我们可以有幸福的性生活，彼此欣赏，对朋友和家庭相互坦诚。你不配和我在一起。

大约持续了一周半，茱莉娅的怒气慢慢开始减退。她联系了马库斯，问他怎么样了。他为自己对她所做的一切感到非常抱歉。

"我这样做只是为了我自己，这些让我想起了我患有精神病的母亲。"茱莉娅说。马库斯一再向她道歉，并试图对他的行为做出解释。现在，他想要进行心理治疗。

"有些人需要被狠狠叫醒,"茱莉娅说,"我希望,我很快能将马库斯从我的心里彻底扔出去,然后重新为我的幸福生活、我的需求和愿望而努力。我想要找一个有爱心的伴侣。马库斯这件事让我变得更加强大。我什么都没有做错,我不需要质疑自己。只是下一次,我的耐心会变得少一些。如果遇到不合适的事情,我会更快接受它不合适的事实。但我们也必须相信,如果不是这样,你就无法开始一段感情。被欺骗也是生活的一部分,这是我从三年前放开我生病的母亲时认识到的。现在,我的心里有很多位置。"

在茱莉娅的故事中,最值得注意的是,当她意识到马库斯欺骗她的时候,她表现得非常清醒和合理。她有勇气直接、毫不含糊地划清界限,保护自己。在这里,愤怒的力量帮助了她。**她并没有因为同情身患重病的马库斯而忍气吞声。**她清晰、直接地照顾了自己的情绪,没有让问题在医院升级。为了处理由于对马库斯的失望而给她带来的痛苦、悲伤和愤怒,她向她的朋友寻求了帮助和安慰。虽然茱莉娅也同情马库斯,但是她更多关注了自己的情绪。

马库斯在短信里说她是一个多么好的女人,这个信息很打动人，但她的反应依旧清晰，毫不含糊。在这一点上，她强有力的语言充分表达了她的情绪，也让马库斯清楚地知道，他对她造成了多大的伤害。我们也很好地看到了茱莉娅如何根据自己的生活经历理解并接受这件可怕的、令人失望的事情，而这让她向更健康的关系又迈进了一步，变得更加自尊、自爱。

愤怒、恐惧和悲伤

美国心理治疗师和沟通分析师乔治·汤姆森区分了情绪什么时候是有效的，什么时候是无效的。为此，他考虑了感情的功能性及其时间导向。

例如，恐惧具有可以帮助我们避免出现迫在眉睫的威胁的作用，让我们采取适当的预防措施。

以害怕不能通过即将到来的考试为例，这种恐惧是指向未来的，处理它的有效、有意义的行为就是好好学习。

又比如，在路上，有汽车按喇叭，我们会吓一跳，会感到害怕，其结果就是我们会立即提高警惕性。

痛苦和悲伤是与过去相关的情绪。我们失去了某人或某物，并为此而伤心。当然，我当下也会感到悲伤，但是我的目光是回到了曾经的某事上。而愤怒和生气却不一样。

假设，有人超越了我们的底线，不尊重我们，伤害或者无视我们的重要需求，我们便会生气和愤怒。这完全是基于当下的，此时此刻，我们正感到失望。与我们的生气和愤怒相关的是，我们希望对他人或情况产生影响，并且别人能够改变他的行为。

如果情况有所好转，我们的愤怒会逐渐减退，最终完全消失。但是，如果问题已经过去了，但愤怒继续存在，那这种愤怒便不再合理了。如果我们数月甚至数年都对某种情况或某人感到愤怒，那就是说，我们将愤怒保存起来了：现在这便是一种"积累的"情绪。

如果因为我们自己或他人没有做好进行改变的准备，或者不面对现实，由此导致了愤怒，那么，我们便需要暂时放弃满足我们的需求，也就是放手，并为此感到惋惜。**放开之前未被满足的需求所带来的痛苦和惋惜，才能使我们得到持续的平静。**

如果我们接受了未被满足的需求以及对此的失望，可以放下过去，才能获得现在的自由，并对未来做出新的规划。

困境常常会唤起一种混合了愤怒、恐惧和悲伤的"复杂感觉"。

假设，一位女士得知因为公司倒闭，她失业了，这便会引起愤怒、悲伤和恐惧。这位女士对这种情况的失望以及无力感会让她感觉愤怒。她很伤心，因为她失去了她的工作、收入，以及和同事的联系，而且她感到恐惧，担心也许以后再也找不到这样好的工作了。如果这位女士能够接受这三种情绪，会有助于她处理好这种困境。

但如果其中一种情绪占主导，而且又没有被发现或排斥另外两种情绪，那么这种情绪便会产生压倒性的地位，使困境处理遇到阻碍。

通过安娜的例子，我们可以更仔细地研究恐惧、愤怒和悲伤这三种情绪之间的联系，并看出它们在解决问题的过程中有多么重要。

安娜和马丁交往四年了。从三年前开始，两人一起住在一套小公寓里。两人都有工作，还没有孩子。两个人都喜欢徒步，也都爱好跳探戈。由于安娜在医院的工作要轮班，晚上经常不能去跳舞，所以马丁经常自己去舞蹈室。男性舞者在那里总是很受欢迎，安娜对此并没有多想。和马丁在一起，她感觉很开心，也很高兴他如此热爱舞蹈。她热爱自己的工作，并得到了同事们的赞赏。只是轮班的工作很累，而且如果又有同事生病了，她常常还得帮忙。有时候，安娜和马丁连续几周会只有很少的时间同时在家。安娜喜欢马丁的温柔，但是当她工作很累，回家已经筋疲力尽时，她往往已经没有兴趣和他亲热了。她只想靠在他身边，躺在沙发上看电视。

而当马丁从舞蹈教室回来得越来越晚时，安娜生气了。他总是有很多借口，但她不相信他，她感到嫉妒。一天，当她想和他做爱时，他转过身去，说不行。他承认自己出轨了。安娜很吃惊，也很伤心，尤其是她认识那个女人，她也是一个舞者，尽管她跳舞的时间不长。安娜对马丁大喊大叫，在客厅的沙发上号啕大哭。

安娜将如何处理她奔涌的情绪？怎样才是合理的？她的情绪如何才能帮助到她？

第四章 如何找到处理情绪的方法

她非常失望，同时又感到悲伤和愤怒。她很愤怒，因为马丁的不忠，因为他欺骗了她。她想用拳头敲打他的胸口，对他喊，让他不要再做这样的事情，并且立刻结束那段关系。她希望她愤怒的能量能够唤醒马丁，让他感受到自己的行为对她造成了什么样的伤害，他应该考虑，如何最好地处理现在的情况。

同时，安娜感到非常伤心，她对忠诚的理想破灭了，一切都回不去了。她能够允许自己的这种伤痛吗？她会安慰自己，或者寻求安慰吗？或者，她希望马丁会安慰她？但是，他刚刚给她造成了伤害，她正在对他发火，要他怎么安慰她？安娜会更愿意让自己陷在愤怒中，感觉自己像一个受骗的受害者，然后一直责骂马丁吗？通过这种方式，她可以避免感受自己的伤痛。也许安娜也会逃到恐惧中，在思考自己如何处理与马丁未来的关系中折磨自己。他会和她分手吗？他会再和那个女人见面吗？他们会保持关系吗？她还能再信任他吗？在他碰了别的女人之后，她还愿意和他在一起吗？

如果安娜迷失在对未来的焦虑中，她可以避免当下由失望导致的愤怒和悲伤。

这三种情绪都是合理的。

安娜需要她的愤怒来捍卫他们之前的关系和马丁的忠诚。她需要悲伤，让破灭的幻想和痛苦有一个出口，并和已经失去的一切告别。甚至有一些恐惧也是适当的：这段关系要如何走下去？安娜可以什么都不做，假装什么都不知道。她必须考虑如何从恐惧回到对马丁的信任，因为两个人都想维持这段关系。

● 反思问题

在困境中，我更可能陷入愤怒、悲伤，还是恐惧？会有一种情绪占据主导地位吗？

我能同时感受到三种情绪吗？

针对我的愤怒、悲伤和恐惧，我都需要什么？

我能接受、安抚和安慰自己的痛苦吗？

我是否有足够的时间研究我愤怒背后的原因？

我能控制和暂缓我的愤怒，给自己一些时间进行思考吗？

我能够很具体地表达出自己的需求，并且知道我的需求并未完全被满足吗?

当别人愤怒时,我能认真聆听吗?

我也能够询问别人的需求,并暂缓我的自卫心理吗?

男性该如何面对女性的情绪

亲爱的男士们：

我以个人的身份和你们聊一聊，我很高兴你们对女性的愤怒感兴趣。

你也许（偶尔）会对这样的愤怒感到害怕，请不要害怕，因为如果女性能够好好地利用她们的愤怒，对你来说也是一件好事。

也许当女性或你生活中的女性生气，甚至冲动、愤怒时，会给你带来麻烦。或者，你的伴侣大多数时候会压抑她的愤怒，而你更愿意看到她直接说出来，因为只有这样，有些事情才能说清楚。

也许，你在生活中不得不经常和那些爱抱怨，总是叹息，但不会利用愤怒让自己在亲密关系、家庭或工作中做出改变的女性接触。

我所写的很多关于愤怒和其表现形式的内容不仅适用于女性，也同样适用于男性。

也许你自己在感知和允许愤怒方面也同样存在困难。或者，你很容易生气，而且在生气的时候会大喊大叫，朝墙壁或地板扔东西。

我与男性谈论有关女性的愤怒时发现，这个话题对于很多人来说是一个会引起矛盾的不愉快的话题。

而当我和女性谈论女性的愤怒这个话题时，我经常会听到："哦，这是一个非常重要的话题！"而大多数男性的回答是："哦，这是一个沉重的话题！"当然，大多数男性希望女性在工作和家庭中能够保持好心情，友好、平和。如果她们生气了，尤其是对男性，他们便会感觉很不舒服。"谁想娶一个爱发火的女人啊！"一次，一位男士对我说道。这位男士的反应引发了我的思考。这位男士对发火的女性有什么样的印象？他的话听起来好像愤怒是一种依附在人身上的性格特征。这位男士又在愤怒的女性身上经历过什么？他受到了什么惊吓和伤害？他对自己的愤怒又持怎样的态度？

最让我感到奇怪的是，在愤怒时，无论是男性还是女性都会失控、冲动、充满力量。有趣的是，我们要去发现男性是否学会了和父亲争吵和对抗冲突。

他们被允许公开表达愤怒吗？除此之外，同样的问题，面对他们的母亲，他们是否被允许公开表达愤怒？

根据我的经验，对大多数男性来说（除了两到三岁期间），他们在小时候很难对母亲发火。原因可能是男性通常很难跟女性发火。和父亲之间的争吵则容易得多，虽然他们往往也惧怕父亲的权威和严厉。对母亲则会有很多种感情混合在一起，而这些可能会阻止愤怒。此外，如果男性在儿童时期经历过母亲或其他重要女性亲人身体虚弱、患病，以及爱哭的情况，那这更会阻碍他对女性的愤怒。朝一个"柔弱的"女性发火，会让他们感到内疚。

如果你现在再经历女性的愤怒,你可以问一问自己:女性如何表达她的愤怒,是破坏性的,还是建设性的?

她能坚持她的愤怒吗?她能说出她到底怎么了?她愤怒背后的需求是什么?或者她只是想骂人,责备你或让你感到内疚?她经常很烦躁或者爱哭吗,而你必须要猜测到底发生了什么?或者她在愤怒时会大喊大叫,具有破坏性,使劲儿贬低你,而你只能低着头保护自己或者等她自己平静下来?

也许你知道,你做什么会激起女性或者伴侣的愤怒,你也了解自己会爆发的点吗?

例如,当女性指责你时,你会和其他男性一样感到愤怒吗?或者,当一位女性(或者你的妻子)对你唠叨太多或者干涉过多,要求过多时,你更容易烦躁吗?

当我说女性应该认真对待她们的愤怒时,并不意味着她们应该简单地把愤怒扔给别人,男性也同样应该释放出自己的怒气。

愤怒的目的和意义并不是争吵,而是人与人之间公开和建设性的接触。

不幸的是，也存在女性对男性进行攻击和采用暴力的情况，虽然人们很少公开谈论这个话题。

我们知道，现实生活在这方面存在很高的不透明数据。女性现在有更多的机会公开谈论男性的暴力问题，虽然仍有很多人很难迈出这一步。但是，对男性来说，要对别人说出自己遭受了暴力就更为困难。他们认为，承认自己身上发生了这样的事情，就代表承认自己的无能。

对他人的身体或心理采取暴力行为是不能被容忍的，无论是男人还是女人。如果你身上发生了这样的事，最好去寻求专业的保护。

在最后一部分里，我会问你一些问题，你一定会给出不同的答案。希望你受到这些问题的启发，对有关愤怒和生气的主题进行思考，想想你是如何处理自己以及女性的愤怒的。有趣的是，在和很多男性交谈后，他们中的很多人对如何更好地处理男性的愤怒有了更好的理解。

男人之间的争端更多地被视为更客观，更具运动性的（竞争）对抗。而对女性发火，对很多男性来说很难。

如果他们的声音太大、太有力，女性可能会指责他们独权和霸道，如果男性更多地展现他们柔软的一面，他们又要冒着被人评价没有男子气概的风险。

从这些简述中可以看出，很多男性可能和女性一样难以找到一个合适的方式处理愤怒。

面对女性的愤怒，很多男性的反应是等待和忽视，以避免感到内疚或者不让自己感受太多，包括沉默和无语。在这种情况下："宁愿什么都不说，因为，无论我说什么都可能是错的！"还有些男性试图用事实论据，或立即寻求解决办法来消除女人的愤怒。

但这些都不如明智地利用愤怒。明智指的是找出愤怒、失望和伤痛的原因以及潜在的需求。也许下一次有女性爆发愤怒时，你可以就那样安静地倾听，即使她不是那么冷静。然后问问她，是什么让她如此愤怒以及你的哪种行为让她感到恼火或失望。

如果你尝试接受，女人也忍了你很久了，那这也许正是走向缓和的第一步。这并不说明是谁的错，或者谁现在要为此做什么。

请只是和这个女人一起寻找愤怒背后的需求和价值。还有时间，可以等一会儿再寻找问题的解决方法。此外，即使你询问了这个女人的需求，也并不意味着你必须满足她的所有需求。

如果你花心思和时间去思考，就会发现，只是简单地倾听，并尊重她的需求，就已经很有帮助了。这不能太少，但也不要太多。有时候，那句经典名言"我很抱歉"也会有助于不让问题升级。当然，你一定要认真对待这个问题。

在这一点上，我不想列一长串有关如何与女性相处的建议清单。我希望你明白，接受愤怒并研究其背后的原因，对你自己和你所接触的女性来说有多么值得。你可以更了解自己并学会使用愤怒的力量，而这对你的生活和人际关系真的非常重要。男性也应该了解自己的愤怒，发现并说出其背后的需求，这对男女之间建立相互尊重的、和谐的关系非常重要。你不仅要认真对待自己，也要认真对待对方。你应该尊重女性，允许她是一个可以面对冲突或者引发冲突的人。

你可以和女性一起学习愤怒对你的个人发展来说是一份怎样的"礼物"。

接受自己的情绪，学会爱你的情绪

我们可以学会如何爱自己的愤怒吗？是的，我们可以！不是因为它是一种特别美好或舒适的感觉，而是因为如果我们深入了解它在我们对自己以及与他人和这个世界的相处中给了我们很多有价值的提示，就会发现它非常重要。

如果我们面对自己的愤怒，它就不再仅是攻击性或者冰冷的愤怒，而是在某种意义上一种温暖的愤怒。利用它，我们可以更好、更深入地与自己，与他人相处。如果没有用心，这些是无法达成的。在我们"用心愤怒"时，不是为了贬低或否定别人，而是想要更好地彼此相处。

在我们学习如何建设性地处理自己的愤怒时，我们需要相信自己能行。我们需要勇气支持自己，对关系有基本的信任，以便能够展示我们的愤怒。

当然，相互欣赏的基本态度会让这件事变得更容易。我们还需要勇气来展示自己的需求以及自己的脆弱和无助。有时候，利用愤怒的力量保护自己，明确界限，也是非常必要的。很多和我深入谈论过愤怒以及她们自己的愤怒的女性都会说，自从开始探索和说出自己的需求后，她们愤怒的频率降低了，已经很少发怒了，即使这些需求并不是总会被满足，但是她们会重视自己，感到自尊。

明智地运用你的愤怒，让它帮助你找到爱和真理之路。

致 谢

我要感谢那些信任我,和我分享他们有关愤怒的故事和经历的女性和男性。在访谈中,我们一起寻找那些可识别,但也可能隐藏起来的线索,扎到愤怒模式和生活故事之间的联系中。我采访过的很多女性和男性都参加了为这个主题组成的小研究项目。我要特别感谢那些彼此独立回答了我有关愤怒的问题,然后又交换了意见和态度的伴侣。他们中的很多人说,谈论自己对愤怒的感受是有好处的——包括自己和对方的愤怒——尤其是当愤怒还没有沸腾时。

特别感谢我的同事们,我们一起就这一问题进行深入但有时激烈的讨论。我要感谢莫妮卡·克莱默在女性高管的愤怒这个主题方面给予的宝贵经验和建议，以及我的同事克里斯蒂娜·克劳瑟不知疲倦地多次进行校对。和以往一样，我的编辑乌莎·斯瓦米、桑德拉·捷克和朱迪思·马克都是我背后最强有力的支持者。

最后，我还要感谢那些帮助过我，接受并理解我的愤怒的人。虽然我以前不喜欢自己的愤怒，也常常感受不到它，但我现在很珍惜它：它教会了我很多，它给予了我必需的力量和能力。